权威·前沿·原创

皮书系列为
"十二五""十三五"国家重点图书出版规划项目

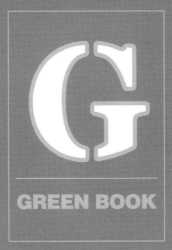

GREEN BOOK

**智库成果出版与传播平台**

环境绿皮书

**GREEN BOOK** OF
ENVIRONMENT

# 中国环境发展报告
# （2017~2018）

ANNUAL REPORT ON ENVIRONMENT DEVELOPMENT OF
CHINA (2017-2018)

## 生态文明建设背景下的垃圾善治

自然之友／编
主　　编／毛　达
副主编／窦丽丽

社会科学文献出版社
SOCIAL SCIENCES ACADEMIC PRESS（CHINA）

图书在版编目（CIP）数据

中国环境发展报告. 2017－2018：生态文明建设背景
下的垃圾善治／毛达主编. －－北京：社会科学文献出
版社，2020.8
（环境绿皮书）
ISBN 978－7－5201－5304－1

Ⅰ.①中…　Ⅱ.①毛…　Ⅲ.①环境保护－研究报告－
中国－2017－2018　Ⅳ.①X－12

中国版本图书馆 CIP 数据核字（2019）第 171801 号

环境绿皮书
中国环境发展报告（2017~2018）
——生态文明建设背景下的垃圾善治

编　　者／自然之友
主　　编／毛　达
副 主 编／窦丽丽

出 版 人／谢寿光
责任编辑／陈晴钰
文稿编辑／薛铭洁

出　　版／社会科学文献出版社·皮书出版分社（010）59367127
　　　　　　地址：北京市北三环中路甲 29 号院华龙大厦　邮编：100029
　　　　　　网址：www. ssap. com. cn
发　　行／市场营销中心（010）59367081　59367083
印　　装／三河市东方印刷有限公司

规　　格／开本：787mm×1092mm　1/16
　　　　　　印张：17　字数：254 千字
版　　次／2020 年 8 月第 1 版　2020 年 8 月第 1 次印刷
书　　号／ISBN 978－7－5201－5304－1
定　　价／128.00 元

# 编　委　会

# 主编简介

　　**毛　达**　江苏省南通人，博士，研究方向为环境史。现任深圳市零废弃环保公益事业发展中心理事长兼中心主任、北京自然之友公益基金会理事。十多年来，一直参与多个民间环保机构的固体废物和环境健康项目的工作，积极推动城乡垃圾和有毒化学品污染等环境问题的解决。在北京师范大学攻读博士期间，重点研究美国废弃物海洋处置的历史，出版《海有崖岸：美国废弃物海洋处置活动研究（1870s～1930s）》。从事博士后工作时，专攻二噁英污染的社会争论历史。目前工作重心是零废弃理念与实践推广、化学品健全管理、塑料垃圾污染治理以及电子商务绿色化。

# 摘　要

"十三五"时期，是中国环境保护工作和环境形势转变至关重要的关键时期和节点，也是中国生态环境质量走向拐点、环境善治体系形成并完善的关键时期。中国绿色转型已经有足够的政治意愿并形成了具体的路线图以及翔实的战略目标和措施，多向－多元治理模式开始转型且初具雏形，加之国际国内形势变化，都为中国的现代环境治理模式的形成提供了机遇与条件。本书总报告《生态文明建设的全方位落实与重点攻坚》对中国环境保护的总体形势以及几个突出特点进行了详细的阐述和分析。

本书也是第一次对环境保护领域的某一个主题进行特别关注。"垃圾问题"可以说是中国环境问题的一个缩影。基本上，自从有了环保意识、开始关注环境问题，我们就一直在同时关注垃圾问题。民间环保组织从 20 世纪 90 年代初开始关注垃圾问题，并宣传普及垃圾分类、循环利用等理念。此后，随着经济的发展，消费模式的改变，垃圾问题也日益严峻，"垃圾围城"已经成为我们无法逃避的现实。为了解决垃圾问题而兴建的垃圾处理设施——填埋场、焚烧场又产生了新的环境问题，并引发了公众对中国垃圾管理政策与实践的深度参与。

就如同环境污染有点源污染和面源污染一样，垃圾问题也有"点"和"面"两种形式。因为垃圾处理设施的修建而引发的邻避运动，某地垃圾集中堆放而导致的污染事件，是"点"的问题，这些问题引爆了很多社会矛盾，垃圾后期处理方式暴露出来的问题，让我们更加深刻地意识到垃圾前端减量的重要性和必要性。日益增加的垃圾产量、日益严峻的垃圾形势，是"面"的问题，其解决或改善，绝非一朝一夕之事。

垃圾问题的解决，需要我们从根本上改变垃圾管理的理念，从后端处理

转为前端减量。"十三五"期间，垃圾分类上升为一项基本国策。2017年3月18日，国家发展改革委、住房和城乡建设部制定的《生活垃圾分类制度实施方案》经国务院同意，正式发布。此后，各地纷纷制定了地方性的生活垃圾分类管理条例。2019年7月，上海市开始施行《上海市生活垃圾管理条例》，号称"史上最严"，引起了全社会的广泛关注。2020年5月，北京也开始施行《北京市生活垃圾管理条例》，但是，受新冠肺炎疫情影响，开局不利。垃圾强制分类制度实施的效果如何，还有待进一步观察。

"十三五"时期，正是中国"垃圾管理"政策与实践转型的关键时期。本书对中国垃圾分类政策的历史演变进行了详细的梳理，并从政策、治理、行业发展、公众参与等各个角度对"十三五"时期的垃圾管理政策与实践进行了解读，希望可以从历史中吸取经验教训，并为未来的垃圾管理政策与实践指明方向。

# 目 录

# Ⅳ 治理篇

# Ⅴ 行业篇

# Ⅵ 公众篇

# Ⅶ 附录

┌─────────────────────────┐
│ 皮书数据库阅读**使用指南** │
└─────────────────────────┘

# 总 报 告

**General Report**

## G.1

# 生态文明建设的全方位落实与
# 重点攻坚（2016~2017年）\*

毛 达　张世秋\*\*

摘　要：　"十三五"时期，既是中国环境保护工作和环境形势转变的关键时期，也是中国生态环境质量走向拐点、环境善治体系形成并完善的关键时期。中国绿色转型已经有足够的政治意愿并形成了具体的路线图、明确的战略目标和措施，多向-多元治理模式开始转型且初具雏形。中国环境保护工作依循党的十八大以来生态文明建设的总体纲领，呈现"全方位落实"和"重点攻坚"两方面的特点。

\*　本报告第一部分由张世秋教授撰写，第二、第三、第四部分由毛达博士撰写。

\*\*　毛达，深圳市零废弃环保公益事业发展中心主任，北京自然之友公益基金会理事；张世秋，北京大学环境科学与工程学院、北京大学环境与经济研究所教授。

**关键词：** 绿色治理 多向－多元治理模式 土壤污染防治

2016 年 3 月 16 日，《中华人民共和国国民经济和社会发展第十三个五年规划纲要》获全国人大正式批准并开始实施[①]，标志着中国绿色治理变革方向与目标的转型。"十三五"规划进一步明确了 2020 年的目标："经济保持中高速增长，在提高发展平衡性、包容性、可持续性的基础上……生态环境质量总体改善"；具体提出"以提高环境质量为核心，以解决生态环境领域突出问题为重点，加大生态环境保护力度，提高资源利用效率，为人民提供更多优质生态产品"，"各方面制度更加成熟更加定型，国家治理体系和治理能力现代化取得重大进展"。

在"十一五"和"十二五"规划顺利实施、相关环境和生态保护措施与行动得以落实、生态环境保护阶段性目标陆续实现的基础上，环境保护的重点已经从遏制污染的持续恶化，向生态环境质量的总体改善转变，与此同时，新的环境治理，特别是多主体、多向度、多手段的多元环境治理模式与格局日渐成形，环境管理也逐步从末端治理转向源头控制以及全过程管理，尤为重要的是，中国社会经济的绿色转型，不仅为中国生态环境质量改善提供了重要机遇，更是有望将环境和生态保护内化为社会和经济发展的基础和关键。同时，2015 年修订后的《环境保护法》开始正式实施，环境督查制度更严格，被长久诟病的执法能力低下、有法不依、违法成本低廉等现象得到纠正，社会组织和个体对环境保护的关注、参与和推动的力度及其影响，更是前所未有。

"十三五"时期，既是中国环境保护工作和环境形势转变的关键时期，也是中国生态环境质量走向拐点、环境善治体系形成并完善的关键时期。2016 年世界环境日的中国主题为"改善环境质量，推动绿色发展"，体现了

---

① 《中华人民共和国国民经济和社会发展第十三个五年规划纲要》（全文），新华网，2016 年 3 月 17 日，http://www.china.com.cn/lianghui/news/2016 - 03/17/content_ 38053101_ 2.htm。

这种转变的核心要义和政府的战略选择倾向。

在上述背景下，2016年全年，乃至2017年的一段时间，中国环境保护工作依循党的十八大以来生态文明建设的总体纲领，呈现"全方位落实"和"重点攻坚"两方面的特点。

# 一 生态环境保护从边缘到主流的总体转型

"创新、协调、绿色、开放、共享"是"十三五"规划持续强调的新发展理念，被认为是"十三五"乃至更长时期"我国发展思路、发展方向、发展着力点的集中体现"，2017年10月召开的中国共产党第十九次全国代表大会，更是进一步强调要加快生态文明体制改革，建设美丽中国。

当下，中国正处在加快绿色转型的进程中，在节能减排、控制环境和生态恶化、制定落实2030年可持续发展议程国别方案、批准气候变化《巴黎协定》、绿色"一带一路"建设、G20绿色金融倡议等方面都取得了实质性进展。2020年中国将实现全面小康社会的发展目标，到2030年，中国有望成为前沿的创新型国家，达到温室气体排放峰值，实现"生物多样性公约"框架下的国家行动目标和"中国落实2030年可持续发展议程国别方案"等重大发展目标。

## （一）中国生态文明建设的治理框架与战略路径已初具形态

2015年5月，《中共中央国务院关于加快推进生态文明建设的意见》正式发布，2015年9月，中共中央、国务院又印发了《生态文明体制改革总体方案》，对生态文明建设的战略性决策进一步细化，强调要将"节约优先、保护优先、自然恢复作为基本方针"，提出"以绿色发展、循环发展、低碳发展作为基本途径，以深化改革和创新驱动作为基本动力"，标志着生态文明从概念、理念转变为具有战略和指导意义的方案。

不仅如此，随着中国加强南南合作、主导亚投行和金砖银行等金融机构以及实施"一带一路"倡议，生态文明建设也开始成为中国"走出去"的

一部分，从国家战略和宏观政策上看，生态文明建设、绿色增长和绿色发展已经开始作为海外投资和国际援助的重要组成部分来考虑。

2016年，中共中央全面深化改革领导小组召开第12次会议，出台了19项生态文明体制改革方案，打出了一套理念先行、目标明确、系统推进的生态文明体制改革"组合拳"。

2017年，习近平总书记在十九大报告[①]中表述了人与自然的关系："人与自然是生命共同体，人类必须尊重自然、顺应自然、保护自然"，要"加快生态文明体制改革……要建设人与自然和谐共生的现代化，既要创造更多物质财富和精神财富以满足人民日益增长的美好生活需要，也要提供更多优质生态产品以满足人民日益增长的优美生态环境需要。必须坚持节约优先、保护优先、自然恢复为主的方针，形成节约资源和保护环境的空间格局、产业结构、生产方式、生活方式，还自然以宁静、和谐、美丽"。

可以说，生态文明作为一种价值观、文明理念，已经被广泛传播；生态文明治理框架和战略虽已初具形态，但完成促进生态文明具体落地实施的体制建设尚需时日。可以预期，中国推动生态文明的政治意愿强烈，相关制度安排与实施路径也会在不远的未来得以解决。

### （二）遏制环境污染、生态破坏的政治意愿开始转化为具体的约束性目标，并强势实施

中国在20世纪90年代中期就开始提出和推动产业与能源结构调整，而中国环境政策的制定可以追溯到20世纪70年代。但真正从国家战略和规划层面调整环境与经济之间的关系，则是直到2006年中国公布"十一五"规划，它将环境、资源和生态保护目标提升到前所未有的高度。比如，在"十一五"规划纲要提出的22个经济社会发展主要指标中，有8个是约束性的，与资源环境保护有关的占到一半。

---

① 习近平：《加快生态文明体制改革　建设美丽中国》，http：//www.china.com.cn/19da/2017 - 10/18/cont。

国务院总理李克强在出席 2013 年夏季达沃斯论坛时指出，中国不愿意也不能走"先污染后治理"的老路，中国要坚持走绿色发展道路的理念，要铁腕治理污染，既不再欠"新账"，还要多还"老账"。2013 年 11 月，《中国共产党第十八届中央委员会第三次全体会议公报》提出"推进国家治理体系和治理能力现代化"，明确要"改革生态环境保护管理体制"①。2014 年"两会"期间的政府工作报告进一步明确，出重拳强化污染防治，坚决向污染宣战，并着重对大气、水、土壤污染治理进行了部署。

"以铁腕治理污染""向污染宣战"释放出中国政府异常强烈的政治信号和决心：中国政府将动用一切可能的手段消除污染，而 2015 年 1 月 1 日生效的"史上最严"的修订后的《环境保护法》、2016 年 1 月 1 日生效的修订后的《大气污染防治法》及之后的各类相关法律、法规的修订和制定，都表明中国政府在保护环境方面的政治意愿表达已经逐步转变为具体的行动和措施。

反映到五年规划上，2016 年开始实施的《"十三五"生态环境保护规划》，继续延续"十一五"和"十二五"的约束性指标的做法，继续强调污染物排放总量的持续减排要求以及资源利用效率改进的要求，并对水污染防治、流域环境和近岸海域综合治理、土壤污染管控和修复、农业面源污染防治、生态保护红线等提出了非常具体的定量目标。

### （三）多向 - 多元治理模式逐渐形成

经过多年的努力和改革，中国环境管理和治理体系，已经逐步由单一的自上而下、行政力量推动、属地管理的强政府直控型的治理模式，向自上而下与自下而上结合、政府 - 市场 - 社会力量结合、属地与区域乃至全球结合、法律规制与企业（公民）自觉行动结合的多向 - 多元 - 多主体的治理模式转型，尤其体现在 2015 年新环保法实施以来，在公众参与、信息公开

---

① 《中国共产党第十八届中央委员会第三次全体会议公报》，新华网，2013 年 11 月 12 日，http：//news. xinhuanet. com/politics/2013 - 11/12/c_ 118113455. htment_ 41751715. htm。

环境绿皮书

方面新的趋势和进展，以及 2016 年《中华人民共和国环境保护税法》（以下简称《环境保护税法》）颁布所表征的环境经济政策应用方面的努力。

2015 年新环保法实施，一方面，拓展和加强了环境立法和执法的广度和力度；另一方面，在信息公开、公众参与、环境公益诉讼方面有了长足的进展，社会组织更加广泛和深入的参与，不仅有助于"让环保意识深入人心并转化成自觉的行动，推动绿色公民更多的自组织环保行动"，更重要的是，环境保护的社会组织开始明晰其角色定位和作用发挥，包括作为公权力、商业利益、公众代表的观察者、监督者和合作者；作为信息公开、分享和解读的倡导者与实践者；作为政策决策程序的监督者和辅助协作者；作为公众互动与反馈的桥梁；作为矛盾和冲突的协商者；通过公益诉讼和公益行政复议等方式，监督、举报和问责违规违法的行为。[①]

推动绿色发展、实现环境质量的整体改善；把人与自然看成生命共同体，并致力于建设人与自然和谐共生的现代化。这样的治理理念，表明中国政府不仅要持续不断地动用一切可能的手段消除污染，保护生态环境，应对各类局部、区域性以及全球性环境问题，而且要将环境管理的控制目标从污染物排放控制转向以体现民众健康保障和民众生活质量诉求的整体环境和生态质量改善。

### （四）从经济优先，到环境生态优先，到生产 – 生活 – 生态共赢

对中国三十多年来快速发展引发的环境、资源和生态危机的认识和警醒，直接激发了社会对中国长期社会经济和环境可持续发展目标的反思。构建绿色 – 低碳 – 循环的绿色生产和消费方式以及经济体系，实现有质量的经济增长并促进社会经济的可持续发展，不仅是中国政府的执政和发展理念以及长期发展战略的重大转变，同时，有助于中国经济进入一个与过去三十多年高速增长不同的新阶段，亦即，中国将有可能转变单纯以 GDP 为导向的扩张式、外延式、消耗式和粗放式的发展模式和增长方式，而转为生态和环

---

① 张伯驹：《绿色公民推动环境治理进程》，2017 年 10 月 18 日在北京大学环境学院的报告。

境优先原则约束下的注重效率、效益和增长质量以及环境效应的绿色 - 循环 - 低碳的环境与经济协调增长和发展路径，这种致力于实现社会 - 经济 - 环境协调的长期可持续发展的愿景与实施，有望推动生产 - 生活 - 生态的"三生共赢"。

### （五）绿色变革的机遇

如前所述，中国绿色转型已经有足够的政治意愿并形成了具体的路线图以及翔实的战略目标和措施，多向 - 多元治理模式开始转型且初具雏形，加之国际国内形势变化，这些都为中国现代环境治理模式的形成提供了机遇与条件。具体包括：①经济增速放缓，结构调整，降低了资源的消耗强度和对环境容量的压力；过剩产能淘汰和结构性调整，为清洁型、环境友好型产品/服务提供了发展空间；②技术创新、制度创新和政策变革有望整体改进中国经济增长的资源利用效率和环境绩效；为资源节约型和环境友好型产品/服务/企业提供更大的发展空间和潜力；③环境法和环境政策的有效实施，特别是环境社会组织的发育和成长，为经济转型和各主体环境行为改进提供了制度保障和条件；④环境和自然保护内化到社会经济发展的宏观和综合决策过程中；⑤将生态文明、绿色增长和绿色发展作为海外投资和国际援助的重要组成部分；更加广泛、主动地参与全球绿色治理事务，使中国在改善环境的同时，推动国内乃至全球的可持续发展。

## 二　政府的主要行动和总体成效

### （一）重要环境法规政策的出台

法制建设是中央政府落实生态文明思想和纲领的基础性工作。2016 年，有多项重要的法律、法规以及政府规范性文件出台。在法律层面，《环境影响评价法》的修订以及前文所述的《环境保护税法》是最引人注目的。

2016 年 7 月 2 日，全国人大常委会通过了新修订的《环境影响评价

法》，这是该法自 2002 年通过以来第一次修订。环境影响评价制度在我国实践十多年后，已经积累了一些必须进行改革的问题，比如备受诟病的"卡着审批吃环保、戴着红顶赚黑钱""环评变坏评"等。在这样的背景下，新的《环境影响评价法》有的放矢，从以下几个方面做出了修正完善。

首先，新法弱化了环评的行政审批，使环评行政审批不再作为可行性研究报告审批或项目核准的前置条件，将环境影响登记表审批改为备案，不再将水土保持方案的审批作为环评的前置条件，取消了环境影响报告书、环境影响报告表预审等。其目的是要强化环评事中和事后监管，促使政府职能正确定位，提升行政管理效能，发挥宏观控制作用。

其次，强化规划环评。针对规划环评在我国长期难以开展的问题，新法规定，专项规划的编制机关需对环境影响报告书结论和审查意见的采纳情况做出说明，不采纳的，应当说明理由。这一修改将增强规划环评的有效性，规划编制机关必须对环评结论和审查意见进行响应。

再次，新法加大了处罚力度。《环境影响评价法》修改前，未批先建的企业受到的处罚只有停止施工、补做环评、接受处罚，最多处罚 20 万元。这一罚款额度对于动辄投资数十亿元甚至数百亿元的大型项目来说就是"九牛一毛"。修改后，根据违法情节和危害后果，环保部门可对建设项目处以总投资额 1% 以上 5% 以下的罚款，并可以责令恢复原状，这样沉重的法律责任将对企业产生强大威慑力。①

2016 年 8 月 29 日，酝酿长达 9 年之久的《环境保护税法（草案）》提请全国人大常委会首次审议。该草案提出在我国开征环境保护税，取代现行的排污费制度。其立法原则是"税负平移"，从排污费"平移"到环保税，征收对象为大气污染物、水污染物、固体废物、噪声，与原有的排污费一致。2016 年 12 月 25 日，《环境保护税法（草案）》经十二届全国人大常委会第二十五次会议表决通过，将于 2018 年 1 月 1 日起正式施行。②

① 《修改的〈环评法〉有哪些亮点？》，《中国环境报》，http：//www. xinhuanet. com//energy/2016－07/21/c_ 1119252941. htm。

② 《中华人民共和国环境保护税法》，http：//www. npc. gov. cn/npc/xinwen/2016－12/25/content_ 2.

作为我国第一部推进生态文明建设的单行税法，尽管各界对该法的范围、税基、税率、政策设计等仍有很多争论，但《环境保护税法》的出台，确实有助于借助税收的调控作用，形成特定的价格信号，调节排污者的污染治理和排放行为，促进节能减排，保护和改善环境。环境保护税以及2017年12月实施的全国碳市场，都是利用基于市场的手段亦即环境经济政策进行环境管理的典型措施。

此外，排污"费改税"从根本上有利于解决现行排污费制度存在的执法刚性不足、行政干预较多、强制性和规范性较为缺乏等问题，有利于促进形成治污减排的内在约束机制，有利于推进生态文明建设、加快经济发展方式转变。

《"十三五"生态环境保护规划》（以下简称《规划》）于2016年11月24日，由国务院印发并实施，其定位是在2016～2020年，为我国生态文明建设事业的各项工作做出整体部署。内容涵盖主要目标、主要战略性措施、主要行动计划、治理体系建设、重大工程等。

《规划》常被誉为更新、更绿的规划，相比此前已经制定并发布的8个全国环境保护五年规划，它有以下几个非常突出的特点。

第一，该规划虽然新，但总体仍遵循中国生态环境保护中长期战略。我国在"九五"时期实施总量控制，"十一五"时期开始实施污染物排放总量约束性控制，经过十余年努力，主要污染物减排成效明显，部分地区环境质量有所改善。《规划》提出了"主要污染物排放总量大幅减少，环境风险得到有效控制"的目标，实际是遵循长期战略路线，瞄准既定方向，继续深入推进。

第二，《规划》以改善环境质量为核心，设置环境质量指标的"硬约束"，覆盖大气、水、土壤三大要素，涵盖环境质量、主要污染物排放总量控制、环境风险和生态保护四大领域的若干指标，并强调实施大气、水、土壤污染防治三大行动计划。

第三，以《规划》作为工具来部署环境治理体系的改革，突出了"环境质量管理""环境监管""重大工程""污染防治与生态保护联动协同"这几

个方面的重点。

第四，《规划》在具体量化目标的设置上，也是相对务实的，既考虑到环境治理的长期性，也考虑到目前环境质量全面改善的艰巨性，尽量避免不切实际的攀高，同时聚焦于解决最突出的几项生态环境问题。①

2016 年 5 月 28 日，国务院印发了《土壤污染防治行动计划》，标志着大气、水、土壤三大污染防治行动计划的"施工图"全部齐备。该计划共 10 条 35 款，231 项具体措施，简称"土十条"。根据"土十条"，我国到 2020 年土壤污染加重趋势将得到初步遏制，土壤环境质量总体保持稳定；到 2030 年土壤环境风险得到全面管控；到 2050 年，土壤环境质量全面改善，生态系统实现良性循环。"土十条"以改善土壤环境质量为核心，以保障农产品质量和人居环境安全为出发点，对土壤安全利用提出了具体要求，明确指出重度污染的土壤严禁种植食用农产品。它已经成为未来我国一段时期内土壤污染防治工作的行动纲领。

排污许可制度是新环保法及《生态文明体制改革总体方案》所要求推行的环境保护领域新的基本制度。2016 年 11 月 10 日，国务院办公厅印发了《控制污染物排放许可制实施方案》。在此以前，虽然各地已经在积极探索排污许可制，并取得了初步成效，但从总体来看，中央政府认为排污许可制的定位还不明确，企事业单位治污责任未落实，环境保护部门依证监管不到位，使得相关制度效能难以得到充分发挥，因此出台了此实施方案。其目标就是要"将排污许可制建设成为固定污染源环境管理的核心制度，作为企业守法、部门执法、社会监督的依据，为提高环境管理效能和改善环境质量奠定坚实基础"。

### （二）环境管理制度的深入改革

环境管理制度的深入改革是 2016～2017 年中央政府推动生态文明和环

---

① 吴舜泽、王倩、万军：《"十三五"生态环境保护规划：把握新要求、布局新任务》，《世界环境》2016 年第 3 期。

境保护工作的另一大亮点。在众多改革措施中，中央环保督察、环保监测监察执法垂直管理、河长制推广、垃圾分类制度推行影响面较大，值得重点回顾。

2016年1月，中央环保督察试点在河北省展开，标志着具有创新意义并能够牵动全局的重大环境监管模式正式启动。7月，第一批中央环保督察全面启动，对内蒙古、黑龙江、江苏、江西、河南、广西、云南、宁夏8个地区开展环保督察工作。截至11月23日，8个地区的环保督察情况反馈全部公布，共问责3422人，约谈2176人，罚款1.98亿元。① 11月，第二批中央环保督察继续展开。根据时任环境保护部部长陈吉宁在2017年4月24日第十二届全国人民代表大会常务委员会第二十七次会议上所做的报告，2016年完成16个省（区、市）中央环境保护督察，共受理群众举报3.3万余件，立案处罚8500余件、罚款4.4亿多元，立案侦查800余件、拘留720人，约谈6307人，问责6454人，有力落实地方党委政府和部门环境保护责任。②

正如一些评论指出的，中央环保督察是"十三五"规划中"加大环境治理力度"的重要内容。"党政同责，一岗双责"是中央环保督察的原则，督察不只针对政府，也针对党委。通过督察，中央掌握了省级党委和政府贯彻落实国家环境保护决策部署、解决突出环境问题、落实环境保护主体责任的情况，推动被督察地区生态文明建设和环境保护工作，促进绿色发展。

2016年9月，中共中央办公厅、国务院办公厅印发《关于省以下环保机构监测监察执法垂直管理制度改革试点工作的指导意见》。随即，河北、重庆率先实施垂直管理制度改革试点。此前我国地方环境监管效果一直受到各方诟病，主要原因就在于地方环保局在履行监测、监察执法职责时，会直接受到地方政府领导的不当干预，结果成为短视和片面的"地方保护主义"的替罪羊。

---

① 中央环保督察：《8地超3000人被问责 罚款近2亿》，http：//www. xinhuanet. com//politics/2016－11/24/c_ 1119977156. htm。

② 环境保护部：《去年问责6454人 2017年实现中央环保督察全覆盖》，http：//news. cnstock. com/industry, rdjj－201704－4068782. htm。

正是看到了长期存在的制度缺陷，中央在生态文明体制改革的起步阶段就瞄准了关键问题，通过建立"垂直管理"制度，力图建立健全条块结合、各司其职、权责明确、保障有力、权威高效的地方环保管理体制，确保环境监测监察执法的独立性、权威性、有效性。与此同时，新的制度还将强化地方党委和政府及其相关部门的环境保护责任，协调处理好环保部门统一监督管理和属地主体责任、相关部门分工负责的关系，规范和加强地方环保机构和队伍建设，建立健全高效协调的运行机制。

2007年，江苏无锡首创了"河长制"这一保护河流生态环境的机制，并让地区的水环境短期内得到了较大改善。此后，"河长制"逐渐为北京、天津、江苏、浙江、安徽、福建、江西、海南8省市采用。2016年12月，中共中央办公厅、国务院办公厅印发《关于全面推行河长制的意见》，明确要求到2018年底我国将全面建立"河长制"。全国将建立省、市、县、乡四级河长体系，各省区市设立总河长，由党委或政府主要负责同志担任，各省区市行政区内主要河湖设立河长，由省级负责同志担任；各河湖所在市、县、乡均分级分段设立河长，由同级负责人担任。县级及以上河长设置相应的河长制办公室，具体组成由各地根据实际确定。

"河长制"的发展和推广对我国环境保护事业有独特的意义。它说明，在环境管理体制的完善过程中，既可以有"自上而下"的引领，又可以产生"自下而上"的推动。对未来其他方面的制度建设而言，有很好的示范作用。

2016年12月21日，习近平就垃圾分类制度推行发表了一次重要讲话。在那之后，生活垃圾管理领域出现了顶层设计引领与基层实践推动相结合的崭新局面。这部分的内容，将在年度主题报告及本书相关文章中具体呈现。

### （三）环境治理的总体成效

2017年6月，由原环境保护部主持编写的《2016中国环境状况公报》（以下简称《公报》）发布。从《公报》公布的数据来看，整个2016年，我国总体环境质量水平呈现平稳并缓慢上升的势头。

就城市空气质量而言，全国338个地级及以上城市平均优良天数比例为

78.8%，比 2015 年上升 2.1 个百分点。6 项污染指标（PM2.5、PM10、$O_3$、$SO_2$、$NO_2$、CO）的平均浓度和超标天数占比，除 $O_3$ 和 $NO_2$ 之外，其他比 2015 年都有降低。同样，全国 74 个环境空气质量新标准第一阶段监测实施城市中，平均优良天数比例为 74.2%，比 2015 年上升 3.0 个百分点，6 项污染指标的平均浓度和超标天数占比，除 $O_3$ 和 $NO_2$ 之外，其他相比 2015 年都有降低。

《公报》公布的酸雨频率及降水酸度数据皆表明，整体而言，我国酸雨污染程度在下降。2016 年，474 个监测降水的城市（区、县）中，酸雨频率平均值为 12.7%。出现酸雨的城市比例为 38.8%，比 2015 年下降 1.6 个百分点；酸雨频率在 75% 以上的城市比例为 3.8%，比 2015 年下降 1.2 个百分点。若以降水 pH 年均值衡量，全国酸雨（降水 pH 年均值低于 5.6）、较重酸雨（降水 pH 年均值低于 5.0）和重酸雨（降水 pH 年均值低于 4.5）的城市比例分别为 19.8%、6.8% 和 0.8%，分别比 2015 年下降 2.7 个、1.7 个和 0.2 个百分点。

《公报》公布了 2016 年 1940 个国考断面水质的总体检测结果。相关数据显示，与 2015 年相比，Ⅰ 类水质断面比例上升 0.4 个百分点，Ⅱ 类上升 4.1 个百分点，Ⅲ 类下降 2.7 个百分点，Ⅳ 类下降 1.7 个百分点，Ⅴ 类上升 1.1 个百分点，劣 Ⅴ 类下降 1.1 个百分点。从这组数据可以看出，整体而言，全国污染最严重的地表水体水质恶化程度在减缓，中度污染的水体水质在向优良转化。

湖泊水库方面，《公报》数据显示，2016 年全国 3 个重点治理的湖泊太湖、巢湖、滇池的水质，相比 2015 年总体持平。其中，滇池劣 Ⅴ 类水质断面下降 90.0 个百分点，但环湖河流原本污染较严重的水体水质仍在恶化中。

相比地表水，《公报》中关于地下水的环境质量令人担忧。在 2016 年国土资源部所监测的全国 31 个省（区、市）225 个地市级行政区的 6124 个监测点中，水质为优良级、良好级、较好级、较差级和极差级的监测点分别占 10.1%、25.4%、4.4%、45.4% 和 14.7%。主要超标指标为锰、铁、总硬度、溶解性总固体、"三氮"（亚硝酸盐氮、硝酸盐氮和氨氮）、硫酸盐、

氟化物等，个别监测点存在砷、铅、汞、六价铬、镉等重（类）金属超标现象。而水利部门监测的 2104 个测站地下水质量综合评价结果显示：水质评价结果总体较差。其中，水质优良的测站比例为 2.9%，良好的测站比例为 21.2%，无较好测站，较差的测站比例为 56.2%，极差的测站比例为 19.8%。主要污染指标除总硬度、溶解性总固体、锰、铁和氟化物可能由于水文地质化学背景值偏高外，"三氮"污染情况较重，部分地区存在一定程度的重金属和有毒有机物污染。

《公报》还涵盖了海洋环境质量状况，相关数据显示，2016 年春季和夏季，符合第一类海水水质标准的海域面积占中国管辖海域面积的 95%；劣于第四类海水水质标准的海域面积分别为 42430 平方千米和 37420 平方千米，与2015 年同期相比，分别减少 9310 平方千米和 2600 平方千米。2016 年，全国近岸海域水质基本保持稳定，水质级别为一般。417 个点位中，一类海水比例为 32.4%，比 2015 年下降 1.2 个百分点；二类为 41.0%，比 2015 年上升 4.1个百分点；三类为 10.3%，比 2015 年上升 2.7 个百分点；四类为 3.1%，比2015 年下降 0.6 个百分点；劣四类为 13.2%，比 2015 年下降 5.1 个百分点。

综上所述，从官方发布的信息来看，2016 年全国三种主要环境媒介，大气、地表水以及海洋的环境质量虽然对照理想目标还有差距，但相对于2015 年整体都有所改善，这样的势头与近几年我国将生态文明建设提升到前所未有的高度，并出台一系列重要政策法规，以及不断深化环境管理体制改革有直接联系。而对于一般公众而言，环境质量指标的改善也有助于增强他们对于环境保护领域改革和重点战略实施的信心。


## 三　重点攻坚：土壤污染防治再次进入
## 公众视野并引发强烈关注

### （一）我国土壤污染形势严峻

《2016 中国环境状况公报》中虽有"土地"一节，但内容仅仅涉及土地资源及耕地水土流失、荒漠化和沙化这三类问题，缺乏土壤环境质量的数据信息。

2017年6月，环保部召开一场专门与土壤污染有关的例行记者会，土壤环境管理方面的负责人介绍，根据2014年该部会同国土资源部发布的《土壤污染状况调查公报》，全国土壤污染状况总体不容乐观，部分地区土壤污染较重，耕地土壤环境质量堪忧，工矿业废弃地土壤环境问题突出，全国土壤总的点位超标率是16.1%，其中轻微、轻度、中度和重度污染比例分别为11.2%、2.3%、1.5%和1.1%。

进一步参考上述调查数据可知，被纳入调查监测范围的指标污染物有8种重金属（镉、汞、砷、铜、铅、铬、锌、镍）以及3种典型有机污染物（六六六、滴滴涕、多环芳烃），都属于有害化学品及危险废物的范畴，需进行重点管理。但恰恰相比于常规污染物（如颗粒物、二氧化硫、氮氧化物、一氧化碳、化学需氧量、生物需氧量、总磷等）的防治，我国有害化学品环境管理以及危险废物管理一直很滞后。

## （二）江苏常州毒地案引发公众强烈关注

进入2016年，因土壤环境管理，以及与之密切相关的化学品和危废管理滞后而积压起来的种种问题，终于上升成为能够引起广大公众关注的社会痛点，最突出的是江苏常州外国语学校毒地事件。

2016年4月，媒体曝光江苏常州外国语学校近600名学生被检查出血液指标异常、白细胞减少等问题，个别学生被查出淋巴癌、白血病等恶性疾病。经调查，事件的罪魁祸首是该学校北边的一片化工旧址，那里曾有三座大型化工厂。这三座化工厂在运营期间多有生产像克百威、灭多威等剧毒类产品，且将有毒废水直接排出厂外，并将危险废旧物品掩埋在地下。环保监测结果显示，该地块地下水和土壤中的氯苯浓度分别超标达94799倍和78899倍，是典型的"毒地"。

事发之后，媒体和环保组织迅速跟进，发现"毒地"和公共健康灾难的出现，是一个又一个错误累积的结果，包括企业违法偷排危险废物和化学品、学校建设项目环评存在重大瑕疵、学校未批先建等。然而，更让人气愤

的是在事件被揭露并引起社会广泛关注后，相关污染企业并未完全承担起相应责任，包括修复土壤和化学品污染，最大限度地避免"毒地"对环境和公共健康长久的危害。

于是，两家环保社会组织北京市朝阳区自然之友环境研究所和中国生物多样性保护与绿色发展基金会（以下简称"绿发会"）对造成污染的3家化工厂提起公益诉讼，请求法院判决被告消除其污染物对原厂址及周边区域土壤、地下水等生态环境的影响，并承担相关生态环境修复费用；对其造成的土壤、地下水污染等生态环境损害，在国家级、江苏省级和常州市级媒体上向公众赔礼道歉；承担原告因本诉讼支出的生态环境损害调查费用、污染检测检验费、损害鉴定评估费用、生态环境修复方案编制费用、律师费、差旅费、调查取证费、专家咨询费、案件受理费等。

2017年1月，常州中院一审判决两原告败诉，理由是涉案地块的环境污染修复工作已经由常州市新北区政府组织开展，环境污染风险得到有效控制，诉讼目的已在逐步实现。因此，原告提出的判令3位被告消除危险或赔偿环境修复费用、赔礼道歉的诉讼请求不予支持，原告需承担189万余元的案件受理费。

收到判决后不久，原告即向江苏省高院提起上诉，请求撤销一审判决，改判3位被告承担生态环境损害赔偿责任，并向公众赔礼道歉；纠正一审中的诉讼费计算错误。①

### （三）土壤污染立法快速推进

随着土壤污染受到越来越广泛的关注，2016年，我国土壤污染防治相关的法律法规、政策也在逐步推进。除前文所述的"土十条"外，还有多项与土壤污染防治相关的政策、法规出台。

---

① 2018年12月19日，常州毒地案二审在江苏省高院开庭审理，12月27日法院发布判决，要点包括：撤销一审判决（即原告无须承担所谓189万余元案件受理费）；被告在国家级媒体就污染行为向社会公众赔礼道歉；被告承担原告律师费、差旅费，以及案件受理费；驳回原告其他诉讼请求。

在国家层面，《"十三五"生态环境保护规划》对"推进基础调查和监测网络建设""实施农用地土壤环境分类管理""加强建设用地环境风险管控""开展土壤污染治理与修复""强化重点区域土壤污染防治""强化信息公开"等做出规划。2016 年 12 月，环境保护部发布了《污染地块土壤环境管理办法（试行)》，对"各方责任""环境调查与风险评估""风险管控""治理与修复""监督管理"等做出规定。2017 年 9 月 25 日，环境保护部、农业部联合发布《农用地土壤环境管理办法（试行)》（部令第 46 号）（2017 年 11 月 1 日起施行），该办法规定了"土壤环境重点监管企业名单制度""农用地环境信息系统""农用地土壤污染状况定期调查制度""分类管理"等。《中华人民共和国土壤污染防治法》也在制定过程中。2013 年，《中华人民共和国土壤污染防治法》正式列入全国立法议程；2014 年 12 月草案建议稿提交全国人大环资委；2017 年 6 月，草案①发布。

地方层面，各地加快了土壤污染防治的地方立法进程。《湖北省土壤污染防治条例》于 2016 年 2 月 1 日通过，2016 年 10 月 1 日起施行。条例对土壤污染防治的监督管理、土壤污染的预防、土壤污染的治理、特定用途土壤的环境保护、信息公开与社会参与、法律责任等做出详细规定。2017 年 7 月，《湖南省土壤污染防治条例（征求意见稿)》发布，面向社会公开征求意见，7 月 7 日，举行了立法听证会。该征求意见稿规定了标准、调查、监测、评估与规划、土壤污染预防、土壤污染治理、土壤污染防治经济措施、土壤污染防治的监督管理等。2016 年《广东省土壤污染防治条例》形成草案送审稿，2018 年 2 月草案对外发布并征求公众意见。

## 四 环境公益诉讼成为社会组织参与环境
## 保护的重要方法

公众参与环境保护是我国生态文明建设的重要一环，环保社会组织则在

---

① 2018 年 8 月 31 日，第十三届全国人民代表大会常务委员会第五次会议通过《中华人民共和国土壤污染防治法》，于 2019 年 1 月 1 日起施行。

动员和引导公众参与环保上起着重要的作用。与此同时，它们还是政府和企业环保工作有力的协助者和监督者。过去十年，环保社会组织发展日益成熟，主要体现在规模不断扩大、议题领域不断丰富、工作方法更加多元、工作能力显著提升、社会影响力也随之大大提高等方面。2015 年新环保法实施以后，环境公益诉讼开始成为环保社会组织代表公共环境利益，推动生态保护、污染防治的新工具、新手段。

## （一）毒跑道案与环境法治推动

上文所述的常州毒地案，就是环保社会组织发起的一例典型的环境公益诉讼。此外，在 2016 年，还有另一起环境公益诉讼也广为人知，即"毒跑道案"。常州毒地案中的原告之一"绿发会"，也是"毒跑道案"的原告。

据媒体报道，2016 年 3 月底，北京刘诗昆万象新天幼儿园铺设的塑胶跑道投入使用，很快家长发现，塑胶跑道散发出刺激性气味，多名幼儿出现眼睛疼、流泪、咳嗽、流鼻血等身体不适症状，家长认为这是新铺设的塑胶跑道"有毒"所导致，于是开始向有关部门以及公益组织反映。

在收到家长们提供的信息和诉求后，"绿发会"决定发起一场环境公益诉讼。2016 年 7 月，北京市第四中级人民法院正式受理此案。案件的后续发展比常州毒地案顺利很多，2017 年 4 月 10 日，原告与被告以调解方式结案，刘诗昆幼儿园拆除园内铺设的"有毒"塑胶跑道，铺上草坪；并以保护生态环境为目的向社会捐助 10 万元。这一结果虽然不以"判决"形式体现，但实质上相当于一场"胜诉"。

虽然过程不算十分艰辛，但"绿发会"在决定发起"毒跑道"诉讼的时候，还有另外一个目标，就是通过一场公益诉讼，引发社会关注，推动塑胶跑道国家标准的制定。因为绿发会公益律师在分析案件的时候，发现我国当时根本就没有专门针对校园塑胶跑道的国家标准，而一些厂家所参考的竞技场用地国家标准完全不能适用。所以，如果要从源头上解决全国层出不穷的学校毒跑道问题，就必须推动国家有关部门制定专门的国家标准，来规范相关产品的生产。①

因此，"绿发会"在诉讼进行期间以及之后，都有计划、有步骤地倡导塑胶跑道国家标准的订立，使得公益诉讼有了更高的附加值。②

实际上，环保组织已经在实践中渐渐将公益诉讼视作一种推动法规政策完善的手段。在常州毒地案的诉讼过程中，自然之友就和其他环保组织以及环保专家开始通过一个个案例所暴露出的环境治理问题，提出对《中华人民共和国土壤污染防治法》的修订意见，不仅让政策建议更接地气，也很好地利用了公益诉讼产生的社会舆论效应推动立法的发展。

### （二）环境公益诉讼制度的问题和思考

环保社会组织有权发起环境公益诉讼的制度源自 2014 年修订、2015 年 1 月 1 日施行的新《环境保护法》。该法第五十八条规定：对污染环境、破坏生态、损害社会公共利益的行为，符合下列条件的社会组织可以向人民法院提起诉讼：①依法在设区的市级以上人民政府民政部门登记；②专门从事环境保护公益活动连续五年以上且无违法记录。符合前款规定的社会组织向人民法院提起诉讼，人民法院应当依法受理。

截至 2017 年 6 月，全国法院共受理社会组织提起的环境民事公益诉讼一审案件达 246 件。而经历了两年半的实践，环保公益诉讼对于公众参与环境保护、环保社会组织发挥其特殊作用而言，显得更加重要了。

在 2016 年底中华环保民间组织可持续发展年会上，我国首部记录环境公益诉讼个案进程的报告《环境公益诉讼观察报告（2015 年卷）》（以下简称《报告》）正式发布。《报告》搜集整理了 2015 年由环保组织和检察机关作为原告提起的共 44 起环境民事公益诉讼案，并对环境公益诉讼实践中的多个关键问题进行了专项研究。

---

① 《〈2017 推动法治进程十大案件〉全国首例"毒跑道"公益诉讼案》，中央电视台，http://news.sina.com.cn/o/2018-02-05/doc-ifyreuzn3040514.shtml。

② 在各方的努力下，塑胶跑道新国标 GB36246-2018 于 2018 年 5 月发布，并从 2018 年 11 月 1 日正式实施。

　　关键问题之一，当时已有 700 多家组织具备资格，为何鲜有起诉者（2015 年仅 9 家提起诉讼）？业内专家认为，数量较少一方面是因为法律对主体资格有比较严格的限制；另一方面也说明社会组织提起环境公益诉讼的意愿尚需提高，能力仍需培养。此外，提起环境公益诉讼不仅需要得到政府和相关部门的大力支持，还需要一定的诉讼经验，这也限制了一些环保社会组织的行动。

　　关键问题之二，如何才能跨过诉讼成本高这道坎？对此，亲身参与过多起环境公益诉讼案件的资深律师认为，诉讼成本高的一个重要原因是能成为关键证据的污染损害鉴定费用特别高，而且在诉讼之初就要提交，对于资金有限的环保组织而言，这是非常困难的一件事。另外，很多环保组织也没有能力提前支付全部律师费，虽然很多律师本着一颗公益之心，收费不高，但是长此以往不利于整个制度的良性运转。因此，《报告》提议，需要创立一套科学合理的成本分担制度，比如由原告承担的鉴定评估费、律师费及为诉讼支出的其他合理成本可以由被告支付。而且事实上，在已审结的几起环境公益诉讼案中，原告的律师费、鉴定评估费及办案必要的差旅费等由被告来支付的诉讼请求，大部分获得了法院的支持。

　　关键问题之三，社会组织与检察机关分别扮演什么角色？在新《环境保护法》授权符合一定资格的社会组织可以提起环境民事公益诉讼后，全国人大常委会于 2015 年 7 月亦授权检察机关在部分地区开展公益诉讼试点工作。那么，政府部门、社会组织与检察机关分别如何定位？作为公益诉讼原告时怎么分工才能达到协同保护社会公共利益的目的？业内专家认为，行政部门所掌握的大量基础信息和数据都可能成为案件胜诉的关键，但同时公益诉讼能够弥补行政执法手段有限的不足，而执法依据与诉讼证据并不完全对等。因此，处理好这两个阶段的证据衔接问题须加强社会组织与行政部门间的合作。《报告》则指出，在 2015 年的实践中，社会组织逐渐成为提起环境民事公益诉讼的主力军，而检察机关在多起案件中作为支持起诉单位，大大促进了相关工作的开展。因此，业内专家建议，在环境民事公益诉讼案中，由社会组织来提起诉讼，检察机关在必要情况下支持起诉，与行政部门共同在调查取证等方面给予支持。

关键问题之四，污染企业败诉后判决该如何执行？这一问题实际就涉及生态环境修复和损害赔偿金使用、管理及监督机制的建立。业内专家指出，我国相关法律法规尚未对环境公益诉讼中被告赔偿的生态环境修复费用和损害赔偿金的使用、管理及监督做出相应安排，亟须在实践中探索适合我国国情的机制、模式。而在已有的司法实践中，针对已受理的环境民事公益诉讼案件，法院迟迟不安排开庭或者开庭后不及时做出判决的一个重要原因就是，对环境修复费用的认定、环境功能损害赔偿支付问题存在不同认识。对此，业内专家认为，引入基金会管理是基于法律上的信托机制，有明确的法律依据。而且基金会已有相对成熟的公开和监督机制，可保证在阳光下操作，尽量避免风险。但无论是何种模式，需要着重强调的是，这类资金要接受包括司法机关、原告在内的社会各界的监督，以保证资金的使用合理合法、透明公开。①

自新环保法实施以来，环保组织不仅很好地践行了自己提起环境公益诉讼的权利，而且在一定实践基础上，开始分析总结环境公益诉讼制度中存在的问题，并有能力向政府提出建设性的意见，这无疑使公众参与环境保护的水平又上升到一个新的阶段。

综上所述，进入2016年，中国生态文明建设和绿色转型已经有足够的政治意愿并形成了具体的路线图以及翔实的战略目标和措施，多向－多元治理模式开始转型且初具雏形，而且针对新时期面临的一些重点、难点问题，相关部门也拿出了前所未有的魄力进行攻坚。与此同时，环境法和环境政策的有效实施，特别是环境社会组织的发育和成长，为经济转型和各主体环境行为改进提供了制度保障和条件。这样的整体转型和变化，其成效是看得见、摸得着的，环境质量持续提升，公众对环境保护工作的认可也会给已经开展的各方面工作带来正向反馈，并激励环境保护工作者继续砥砺前行。

---

① 《探路环境公益诉讼受阻两大困境　成本高人才缺》，《中国环境报》，http://www.chinadevelopmentbrief.org.cn/news-19168.html。

# 主 题 报 告

**Keynote Report**

## G . 2

# 中国生活垃圾管理开启新局面
# （2016～2017年）

毛 达*

**摘 要：** 2016～2017年，是中国生活垃圾管理新局面展开的初始时期，
相关的制度、政策相继出台，"垃圾分类"上升为环保国策。
但与此同时，垃圾污染形势也日益严峻，垃圾处理和资源化
利用遭遇更深刻的危机。应对垃圾管理危机，除了政府的投
入外，企业和民间组织、公众的参与也同样重要。本报告在
回顾垃圾问题及其对策历史演变的基础上，对我国垃圾管理
工作中出现的种种新形势、新迹象、新经验进行了总结。

\* 毛达，深圳市零废弃环保公益事业发展中心主任，北京自然之友公益基金会理事，十多年来，
一直参与多个环保机构的固体废物和环境健康项目的工作，积极推动城乡垃圾和有毒化学品
污染等环境问题的解决。

**关键词：** 垃圾管理 "十三五"规划 垃圾强制分类

2016～2017年，中国生活垃圾管理出现新局面，这与自2015年以来中国生态文明建设的总体制度革新有关，也与垃圾管理领域几项具体政策的出台有关。然而，无论是总体制度革新还是具体政策的出台，根本上都是要有效回应垃圾问题对社会、经济和环境带来的种种负面影响。进入2017年，以填埋场和焚烧厂为代表的混合垃圾末端处理设施建设虽然继续其较快的发展势头，但它们所产生的二次污染和社会不稳定风险仍然是全社会无法回避的问题。此外，在越来越多垃圾可以得到收集、处置的情况下，大量"失控垃圾"以及历史遗留污染场地，需要相关方加大力度来应对。

在政府相关制度建设和政策出台的影响下，垃圾问题的另外两个主要相关方——企业和社会组织在延续以往成功经验的基础上，也针对一些新挑战采取了新措施和新行动。对"消费主义"盛行和消费模式变化而导致的塑料制品、塑料包装废弃物泛滥就是新挑战之一。在这一方面，扩大和落实生产者责任延伸制，健全并完善再生资源回收体系，开展有针对性的倡导行动得到了最多的关注，并在逐步实施。除了在塑料问题上着力外，社会组织还尝试在多个场域，如社区、学校、商店、公共活动中，实践零废弃理念，为垃圾问题的根本解决提供了不少有效示范。

## 一 历史背景：改革开放以来我国生活垃圾问题及对策的演变

环境问题的出现及其治理总是在一个连续的时间轴上发生的，所谓的新变化一定是相对于此前状态有了明显的不同。因此，要更好地认识2016年以来我国垃圾管理领域发生的新变化及其意义，就有必要回顾此前这个领域的基本状态和发展历程。

20世纪70年代末至80年代初，即改革开放之初，随着国民经济全面

恢复、人民生活质量快速提高，以及城镇化步伐加快，我国城市生活垃圾的产生和处理状况出现了一些重大变化。1979年，全国城市生活垃圾的年清运总量仅为2500万吨左右，至1982年达到3100多万吨，年平均增长率高达7.4%。此增长趋势在20世纪80年代一直持续。与此同时，城市生活垃圾中无机灰渣与有机易腐成分的比重也在逐渐靠近，呈现"无机灰渣持续下降、有机易腐成分持续上升、废品有所增加"的新趋势。[1]

1980年以前，城市生活垃圾的普遍处理方式是运至市郊农村地区，要么用来填充土坑、洼地，要么作为肥料堆在农田，几乎没有任何现代意义的垃圾处置场，如填埋场、堆肥厂或焚烧厂等。到了20世纪80年代末，这种情况仍无明显改善。[2] 面对城市生活垃圾遭遇无处消纳的危机，环卫主管部门及环卫业界开始积极思考和应对。1986年，国家环境保护委员会首次在重要文件中提出"我国城市垃圾治理遵循减量化、资源化和无害化"的治理方针，即后来一直指导垃圾管理的"三化"原则。与此同时，环卫行业提出了与"三化"原则相对应的垃圾处理技术路线，基本可概括为：卫生填埋是基础保障；大力发展高温堆肥技术；焚烧暂不考虑或只能有条件地谨慎发展；重振废品回收行业；提倡源头减量和垃圾分类。

经过十多年的努力，至20世纪90年代中期，我国的城市生活垃圾治理取得了相当大的进步。法制建设取得重大进展，先后出台了一系列重要的政策文件，如《关于解决我国城市生活垃圾问题几点意见的通知》《城市市容和环境卫生管理条例》《城市生活垃圾管理办法》，以及《中华人民共和国固体废物污染环境防治法》等。

与法制建设同步的是垃圾治理工作实务的快速推进。据1994年的统计，当时全国600多个城市年清运生活垃圾9981万吨，处理率达到35.8%，相比80年代中期不足10%的水平，有了长足的进步。

---

① 向盛斌、徐秋芳：《浅析我国城市居民生活垃圾组成成分》，《城市环境卫生通讯》1994年第4期。
② 《我国城市垃圾粪便无害化处理和利用规划》，《城市环境卫生通讯》1988年第2期。

垃圾处理率的快速提高得益于垃圾处理设施的大力建设，但与此同时，垃圾产生量也在快速增长。2003年，我国660个城市的生活垃圾年清运量增加至1.5亿吨，处理率上升至51%。这些数据表明，全国仍有约一半的城市生活垃圾得不到正规处置，仍有2/3的大中型城市还处在生活垃圾的包围之中。

2000年，建设部等发布《城市生活垃圾处理及污染防治技术政策》，将新时期我国垃圾处理的技术路线做了一个比较系统的阐释，尤其强调分类和焚烧的重要性。

中央政府对垃圾分类的倡导早在20世纪90年代初期就开始了。1993年建设部发布的《城市生活垃圾管理办法》，1996年国家颁布的《中华人民共和国固体废物污染环境防治法》都明确提出了垃圾分类收集的要求。1992～1997年，北京和上海两市率先开展了规模较大的垃圾分类试点工作，并取得了令人鼓舞的成绩。2000年，住建部公布了全国首批8个垃圾分类试点城市，包括北京、上海、南京、杭州、桂林、广州、深圳、厦门，全国性的垃圾分类推广工作正式开始。

随着制约焚烧技术应用的财政投资能力、垃圾可燃性、运营技术等因素的慢慢改变，到了20世纪90年代中期，垃圾焚烧的可行性也随之提高。直至2005年，一些城市陆续让焚烧厂真正落了地，如上海、杭州、温州、珠海等。据统计，2005年我国生活垃圾焚烧厂已由90年代中期仅在广东深圳和四川乐山有2座，增加至48座，10年间经历了"从无到有""从有到多"的成长过程。

2010年，中国城市生活垃圾清运总量稳步上升到1.58亿吨，比2003年的1.5亿吨增长5.3%，此后经历了新一轮快速增长期，至2016年达到了2.15亿吨的历史高峰，比2003年高出43%。这些数据也表明在21世纪初，国家层面发起的第一轮"垃圾分类"运动并未取得实效，因为它既未能减缓垃圾清运量的增长，也未能改变送往末端处理设施的垃圾混合程度。

面对城市垃圾产生量持续增长、成分更加混杂、回收能力持续下降等新

老问题，国家主管部门的主要应对思路是加紧建设混合垃圾处理设施。统计数据显示，截至2015年，全国设市城市和县城生活垃圾无害化处理能力达到75.8万吨/日，比2010年增加30.1万吨/日，生活垃圾无害化处理率达到90.2%，对比改革开放初期全国几乎没有一座城市具备垃圾无害化处理能力的历史局面，可谓发生了翻天覆地的变化。

不过，就整体而言，长期以来我国的垃圾管理体系离"可持续发展"还有较大差距。第一，长期偏重城市垃圾收集和处理，忽视了农村垃圾污染治理。第二，在垃圾管理的"三化"原则中，过于偏重"治标"的"无害化"这一项，导致在更重于"治本"的"减量化"和"资源化"方面，没有拿出与"无害化"等量齐观的推动措施。第三，分类收集作为垃圾"三化"协同推进的前提或保障措施，虽在20世纪80~90年代获得认可，并在21世纪初的头几年获得了较大范围的尝试，但随后在遭遇了一定挫折后就停滞不前，反映了整个垃圾管理业界对推行垃圾分类的信心不足。第四，垃圾无害化处理工作虽然进步很大，但因失去"减量化""资源化"的协同，以及分类收集的配合，其实际效果已经大打折扣，甚至导致了很多危害性的影响。①

然而，经过了三十多年发展而逐渐固化下来的垃圾管理模式，即使其存在的不足已经广为人知，但要获得有效改革，离不开生态环境治理顶层设计的推动。而在顶层设计革新到来之前，民间和一般公众对问题的认识、参与、甚至是剧烈反应率先浮现出来。

公众关注和参与垃圾管理主要体现在两个方面，一是对末端处理设施，特别是垃圾焚烧的监督；二是呼吁并实践垃圾分类，包括提出"零废弃"的新理念。

2006年，北京市计划在海淀区建设的六里屯垃圾焚烧项目，突然遭到周边居民的强烈反对。2007年，在当时国家环保总局的介入下，项目进度被延缓。两年之后，北京、广州、武汉、南京等地又相继爆发了多起反对垃

---

① 毛达：《改革开放以来我国生活垃圾问题及对策的演变》，《团结》2017年第5期。

圾焚烧厂建设的群体性事件，引发了社会各界的广泛关注。

反对焚烧的公众在看到处理技术存在种种风险的同时，也清楚认识到导致或放大这种风险的一个最重要的原因就是政府部门没有落实好"垃圾分类"这项政策。他们中的一些人除了"批评"外，还开始在自己的社区实践"垃圾分类"，并取得了不错的效果；个别有代表性的人物进而成立了专门的环保组织，尝试将成功经验进一步扩展和规模化。事实上近年来，放眼全国，不论是民间个人、环保组织，还是商业机构，都涌现出越来越多的可以推广复制的示范行动、示范案例，无疑将为下一步提振全社会垃圾分类的信心起到基础性作用。

民间也在垃圾管理的理论探索上做着努力，其中最引人注目的应当是"零废弃"理念的提出。虽然这个概念很早就在发达国家出现，但它已经有了与我国实际情况相结合的一种中国版本，即它"既是一种目标，也是一种战略，它要求我们为产生更少的垃圾而努力，不断减少垃圾的焚烧和掩埋，最终达到或接近零排放的目标；同时，垃圾在资源化利用的过程中，其温室气体和有害物质排放都应降到最低，继而将环境和人体健康受到的负面影响降到最低"。

从上述内涵来看，"零废弃"理念不仅是指导我国垃圾管理三十多年总体方向的"三化"原则的一种继承和发展，也符合国际发展的潮流。2013 年，联合国环境署（UNEP）和联合国训研所（UNITAR）在一份报告中提出，一个国家垃圾管理宏观政策和战略应有的整体目标是："遵循废弃物管理的优先次序原则：在源头将废弃物产生量减到最小；将可用物料尽量导向重复使用、回收利用、循环再生过程，目的是将送往填埋和废物能源利用处置设施（主要就是指垃圾焚烧）的废物总量减到最少。"由此可见，联合国倡导的垃圾管理方向与中国民间版本的"零废弃"是有着相当的一致性的；既然民间的认识尚可达到这样高的水平，那么政府主导的垃圾管理理念和制度建设应当在新历史时期迎来显著改变。

# 二 垃圾管理制度的更新（2016～2017年）

2016～2017年，我国垃圾管理领域出现的新形势，首先要从梳理中央政府的宏观政策开始，而最重要的两项宏观政策与垃圾强制分类制度的推行以及"十三五"时期垃圾处理设施建设规划有关。

## （一）"垃圾分类"上升为环保国策

2015年9月11日，中共中央政治局审议通过《生态文明体制改革总体方案》。该方案明确提出要"加快建立垃圾强制分类制度"，这是我国在决议文件中首次提出垃圾强制分类的理念，并强调要通过制度建设来实现。这个文件成为2016年全年及2017年年初这段时间内，指导我国垃圾管理宏观政策制定的一条主轴。

2016年6月20日，国家发改委和住建部依据上述方案的要求，对外发布了《垃圾强制分类制度方案（征求意见稿）》。9月22日，国家发改委和住建部又对外发布了另一项重要的垃圾管理政策——《"十三五"全国城镇生活垃圾无害化处理设施建设规划（征求意见稿）》。

12月21日，习近平总书记在中央财经领导小组第十四次会议上，发表了要"普遍推行垃圾分类制度"的重要讲话，并强调"普遍推行垃圾分类制度，关系13多亿人生活环境改善，关系垃圾能不能减量化、资源化、无害化处理。要加快建立分类投放、分类收集、分类运输、分类处理的垃圾处理系统，形成以法治为基础、政府推动、全民参与、城乡统筹、因地制宜的垃圾分类制度，努力提高垃圾分类制度覆盖范围"[1]。国家最高领导人如此具体地阐明生活垃圾管理的社会期待、根本原则、基本方法、关键环节，既显示出党中央解决垃圾问题的决心和意志，其本身也已成为指导垃圾管理

---

[1] 《从垃圾分类透视社会文明进程》，光明日报网，http：//www.xinhuanet.com//tech/2017-04/18/c_1120826967.htm。

"顶层设计"改革的一部分。

2016 年 12 月 31 日，国家发改委和住建部正式下发《"十三五"全国城镇生活垃圾无害化处理设施建设规划》（以下简称《规划》）①。2017 年 3 月 18 日，国家发改委和住建部正式对外发布了《生活垃圾分类制度实施方案》（以下简称《实施方案》）②。

由于《规划》和《实施方案》所设的具体工作目标都截至 2020 年，所以它们是指导"十三五"时期全国垃圾管理工作最重要的两项宏观政策。

## （二）环保社会组织参与活跃

垃圾管理的顶层制度设计，不仅需要中央领导人的重视和指导，也需要广大公众的参与，因为就根本而言，每个人都是垃圾的生产者，每个人也都应该是垃圾问题的解决者。而实际中，对于有一定技术门槛的垃圾管理公共政策讨论而言，公众的声音往往需要通过专业的环保社会组织反映出来。

2016 年，在两大垃圾管理政策正式出台以前，多个长年专注于垃圾议题的环保社会组织始终密切观察政策制定的过程和内容，并适时提出自己的意见和建议。零废弃联盟，作为一个关注和推动全国层面垃圾管理完善的民间合作网络和行动平台，早在 2015 年就组织了课题组对《"十二五"全国城镇生活垃圾无害化处理设施建设规划》进行了成效评估，并通过 2016 年 3 月召开的全国"两会"，向中央政府提交了如何做好"十三五"规划的建议。2016 年 9 月，在《规划》征求意见稿发布后，零废弃联盟和其他多家环保社会组织，如自然之友、北京零废弃、郑州环境维护协会、芜湖生态中心等开展合作，组织公众对征求意见稿展开讨论，并最终提交了多份建议书。

对于垃圾强制分类制度的政策制定，环保社会组织先是在 2016 年 9 月，就两部委发布的《垃圾强制分类制度方案（征求意见稿）》提交了意见，后

---

① 《"十三五"全国城镇生活垃圾无害化处理设施建设规划》，http：//www. ndrc. gov. cn/zcfb/ zcfbghwb/201701/W020170123357045898302. pdf。

② 《生活垃圾分类制度实施方案》，http：//www. xinhuanet. com//politics/2017－03/30/c＿ 1120726926. htm。

又于年末在北京组织了一场专题讨论，呼吁尽快出台相关方案，并将"强制"精神落于实处。

### （三）新政策的亮点和不足

一套完整的垃圾管理制度，应当包含党的方针、国家法律、政策、规划、标准等不同类型、不同层级的规范性文件。近几年一直从事垃圾管理制度研究的湘潭大学高青松教授研究团队，总结了垃圾强制分类制度建设可加强和完善的地方，包括健全垃圾分类法律、完善监督管理机制、优化资源结构配置、明确公民义务。

如果仅仅评价《规划》和《实施方案》两份文件，则各有亮点和不足。2017年3月最终发布的《实施方案》，最大的特点是体现了"循序渐进、重点突破、刚性与灵活兼具"的指导原则。它规定包含所有直辖市、省会城市和计划单列市在内的全国46个重点城市，率先施行"垃圾强制分类"，而第一阶段的"强制"对象为有害垃圾，范围是党政机关、企事业单位。

对于《实施方案》，环保社会组织总体持欢迎和认可的态度，也提出了一些完善建议，包括：①对于工作目标"到2020年底……生活垃圾回收利用率达到35%以上"，应明确给出定义和统计方法；②适时要求易腐垃圾强制分类和处理；③应明确混合垃圾按量收费的原则；④应在组织领导和目标考核方面做严格要求；⑤应更加强调信息公开。

垃圾管理具体政策的完善，除了要紧紧遵循中央生态文明建设的总体方针，并能回应实际问题外，也需要对标国外的先进经验。在这一方面，"欧盟循环经济一揽子法案"是最值得我国参考的。据零废弃联盟政策专员谢新源的分析，欧盟循环经济立法的聚焦点是生活垃圾管理，总体战略是要进一步推广分类回收和提高循环再生率，从而减少焚烧等混合垃圾末端处理方式带来的巨大环境健康风险。如果我国的循环经济和垃圾管理政策制定能充分借鉴欧盟经验，可以在以下四个方面取得进步：①中央政府部门可从国家战略层面，带着格局意识，去看待循环经济和垃圾管理问题；②调整体制，解决多头管理的问题，做到部门利益服从国家利益和社会利益；③在清晰的定义和计量方法支撑下，制定明确的管理目标和优先顺序；④严格遵照垃圾管理优先顺序建立激励机制，安排资源。

# 三 垃圾污染形势愈加严峻

革新总体制度和具体政策的必要性，无疑可以从近年来由生活垃圾导致的种种环境和社会问题加以认识，而这些问题的严重程度还没有显著减轻的迹象。

## （一）垃圾填埋的危机和"机遇"

作为混合垃圾末端处置的两种主要方式之一，填埋相比焚烧仍在我国占主要地位。据《规划》，到 2020 年，全国城镇垃圾填埋处理的比例要从"十二五"末期的 66% 降至 43%，不少省市还设定了低于 30%，甚至 20% 的目标，而天津市的目标则为"0"。总体而言，填埋技术似乎正逐步退出历史舞台。

有学者对于生活垃圾"零填埋"的技术路线提出了不同的看法。来自中国科学院生态环境研究中心的周传斌博士认为："人类使用垃圾填埋场处置垃圾已有近 2000 年历史。填埋仍然是目前各个国家最主要的生活垃圾处理处置方式。"他进一步分析表示，《规划》本身仅仅要求在"具备条件"的地区实行"原生垃圾零填埋"，客观而言，"零填埋"确实不宜作为强制执行的目标在所有城市推行。理由如下：①填埋处置是目前无害化处理技术中投资和运行费用最低、对处理垃圾适用性最广的方式；②新增垃圾填埋前的处理设施，包括焚烧、堆肥和分选回收等，可能因不具有"成本效益"而增加地方财政负担；③《规划》中实施"原生垃圾零填埋"的城市，都是"十三五"重点发展焚烧设施的城市，这些城市"零填埋"目标的提出已经有被扭曲为发展"全焚烧"的危险。

### （二）垃圾焚烧渐成主流的隐忧

尽管垃圾填埋还有其继续存在的意义和价值，但仍难掩其渐渐式微的趋势，毕竟在近几年发展势头最猛的还是垃圾焚烧，引起的争议也最大。

《中国国门时报》主任编辑杨长江多年来一直关注垃圾焚烧产生的二次污染和环境健康风险问题。近期，他发出警告：如果"垃圾全烧发电，终点是灾难"。杨主任从不同角度论证了垃圾全量焚烧给生态环境及公众健康带来的危险，包括二噁英和一般大气污染物的持续排放和污染，飞灰的大量产生和不当处置，以及已经得到量化估算的公共健康风险。

芜湖生态中心是一家致力于推动垃圾焚烧厂安全、达标运营的环保社会组织。2016年，该中心发布了关于全国生活垃圾焚烧厂信息公开和污染物排放的第三期报告（第一期和第二期分别发布于2013年和2015年），指出垃圾焚烧企业仍存在的几大问题，包括：①焚烧厂环境违规频发，环境监管漏洞百出；②已公开信息的焚烧厂线上表现逐步完善，但未公开信息的焚烧厂仍占大多数；③环保部门对于焚烧厂的监管乏力，尤其是在对飞灰处置的监管上。

相对于发达国家，我国垃圾焚烧的污染风险之所以较高，其中的一个重要原因就是在污染控制上的资金投入不足。2016年，《能源》杂志资深记者闫笑炜凭《垃圾发电"灰幕"调查》一文获知名媒体"中外对话"的"最佳绿色经济报道奖"，此文当时就道出了焚烧行业污染控制投入不足的一个重要原因，即愈演愈烈的"低价竞争"问题。闫记者指出，中国垃圾焚烧发电价格在过去十几年里急速下跌，让人们对整个垃圾焚烧发电业行业的盈利能力和发展前景产生巨大的质疑。在他看来，"低价竞争"不仅会影响焚烧厂日后的运营水平，还会严重危及焚烧行业本身的经济可持续性。他进一步分析指出，之所以出现超低价竞标的现象，除了有牺牲后期环保投入的预期外，还因为投标企业存在许多隐性收益，而这些隐性收益的获取又与政策制定者对公共服务市场的过多涉入有关。

过去十年间，垃圾焚烧受到的另一大困扰就是公众的邻避运动。虽然相关企业和政府部门花了很大力气试图化解与垃圾焚烧项目有关的各种社会矛盾，但从过去两年的情况看，反焚烧运动依旧在全国各地蔓延，如2016年的浙江海盐、湖北仙桃、湖南宁乡、海南万宁、江西赣县、重庆渝北区，2017年的广东清远和肇庆、湖南邵阳等地。

长期关注社会风险与公共危机的中国矿业大学（北京）博士谭爽，对垃圾焚烧风险、邻避运动和社会治理之间的关系，尝试做出新的系统性思考。她认为邻避运动的产生根源与焚烧风险传播的模式密切相关，要化解矛盾、寻求共识，应由"技术模式"向"民主模式"转型，即从专家向公众的"单向教育"转变为双向的"民主沟通"。她还主张政府部门对待反焚运动应转换视角，调整原先所持的刚性维稳观，努力从冲突治理的"主导方"退到"协调者"位置，充分发挥各方优势，争取同盟、共担责任，为垃圾治理储备"正能量"。

## （三）海洋垃圾污染凸显垃圾治理体系的缺陷

2016年7月，因珠江流域发生暴雨和洪灾，香港受到了大量来自广东省的海洋垃圾的侵扰。这一事件反映出我国沿海地区海洋垃圾污染与陆上垃圾治理体系之间存在密切的关联。对此，我国最专业的关注海洋垃圾问题的环保社会组织上海仁渡海洋公益事业发展中心（以下简称"仁渡海洋"）进行了细致的观察，并由此对我国海洋垃圾的治理进行了整体评述。

正如仁渡海洋观察到的，一次跨境海洋垃圾污染事件，仅展现出我国海洋垃圾问题的冰山一角，而这家机构近年来致力于通过系统、科学的调查，掌握我国海洋垃圾污染及其治理体系的全貌。"中国入海塑料垃圾总量占全球入海塑料垃圾总量第一位"，"日本冲绳县海滩垃圾中有50%～75%来自中国"，"上海海滩垃圾中来自国外的比例不足2%"……这些关键信息和数据就是仁渡海洋所掌握到的，并希望能让更多公众熟悉，这些足以说明我国海洋垃圾问题的严峻性。

海洋垃圾污染的严重程度凸显出相关治理体系存在着严重缺陷。在仁渡海洋看来，我国政府关注海洋垃圾问题的时间还不长，政府在海洋垃圾治理

中长期角色缺失；在现行的行政机构组织框架内，没有明确规定哪个部门或机构对海洋垃圾最终负责，这导致海洋垃圾问题问责不清。此外，内地关注海洋环境的民间力量整体上也很薄弱，尚无法与粤港海洋垃圾事件中香港民间组织所发挥的作用相比。

## 四 垃圾问题的企业责任和产业困境

企业是现代经济的主体，也是绝大部分垃圾产生的源头。近年来，由电子商务蓬勃发展而带动起来的商品快递、餐饮外卖等消费服务，导致了一次性包装物和餐具垃圾的迅猛增长和一系列后续环境污染问题，对此，相关企业负有不可推卸的责任。除了扩展和落实生产者责任延伸制度外，完善再生资源的回收处理体系也是有效应对新形式垃圾问题的必要措施。

### （一）快递包装垃圾的企业责任

近年来，随着网上购物模式的高速发展，快递包装垃圾量快速增长，目前快递包装废弃物已达每天 1 亿个，由此带来了严重的环境污染问题。

孙巍先生是一位致力于推广可循环使用快递包装的产品设计师和创业者，他认为，电子商务平台应当成为快递垃圾泛滥首要责任人，同时也应当是变革的发起者。他也观察到，为应对社会舆论对快递垃圾的压力，从2016 年开始，电商平台提出了"绿色包裹""青流计划"等环保解决方案，宣传"用可降解塑料袋代替传统塑料袋"，并声称可降解塑料袋"可以在自然环境下完全降解，或可以丢入厨余垃圾中，在被填埋后完全降解"。然而，他通过援引可靠的科学研究，严谨地论证出可降解塑料袋在自然环境下或被填埋后均无法自行降解，因此，电商平台的方案并未解决快递包装垃圾污染的问题。

企业之所以会提出不切实际的"解决方案"，而不敢真正面对问题，在孙巍先生看来，根本原因在于公众压力不够以及政府监管相对滞后。他建议，要限制快递包装垃圾，乃至所有其他与电商和网络消费有关的垃圾，需要在未来逐步限制一次性制品，尤其是一次性塑料制品的生产、消费和废弃。在快递包装、外卖订餐这两类消费活动上，应逐步限制（如用征税的手段）或禁止使用塑料袋、塑料餐具，倡导企业和公众使用环保材料，建立包装回收体系，让快递包装、外卖餐具得以循环使用。

### （二）生产者责任延伸制度初步实施

尽管公众对于企业应更多承担垃圾治理责任的呼声越来越高，但如何转变为稳定、有效的制度安排，对于政府而言的确是很大的挑战。

北京大学城市与环境学院的童昕博士多年来研究生产者责任延伸制，她认为此制度体现了超越废物处置的末端环节，从产品整个生命周期来系统化解决废物增长和废物处理困境的思想，已经成为当今基于产品责任的环境治理模式的重要原则之一，不仅在欧洲、北美、日本等发达国家和地区被广泛采用，而且正在被包括中国在内的越来越多的发展中国家所采纳。

2016年12月25日，国务院办公厅印发《生产者责任延伸制度推行方案》，首次将一种废弃后容易转化成大量生活垃圾的商品包装物，即饮料纸基复合包装纳入了生产者应履行延伸责任的四类重点产品中（其他三类分别为电子产品、汽车产品、铅酸蓄电池）。

在童昕博士看来，我国的生产者责任延伸制度还处于起步阶段，不仅需要更多的实践，也需要对一些涉及制度走向的关键性问题给出自己的答案。她认为："（中国生产者责任延伸制度应）在现有生产者责任延伸制度实践的基础上，以减量化为优先目标，突出生产者的主导性，一方面根据具体的环境风险，提高环境污染材料的强制回收要求；另一方面给生态设计和绿色创新提供更加灵活和开阔的探索空间。"

### （三）废品回收产业遭遇困境

在产品生产者以及主要经销商的废弃物管理责任延伸制尚未系统建立起来的相当长的一段时间里，我国城乡生活垃圾的后端收集、处理主要依靠公共的垃圾清运服务和市场化的再生资源回收服务两种方式。前者主要覆盖的

是价值低和难以回收利用的混合垃圾，后者则是由居民或社会单位初步分类出来的价值较高，易于回收利用的废弃物，常被称作"废品"。

可以说，我国的废品回收处理行业一直是高度市场化的，而且效率很高。然而，最近几年该行业正在经历前所未有的低潮期，进入 2016 年，甚至可称得上遭遇了寒冬——多种主要废品的回收价格跌至谷底，很多经营者因盈利困难纷纷离开这个行业。进入 2017 年，由于宏观经济形势和国家政策的改变，一些主要废品的回收价格有所回升，但整个废品回收行业仍没有摆脱低谷。长期关注垃圾问题和再生资源行业发展的环保行动者陈立雯对此有自己的看法。她在系统回顾改革开放以来，我国废品回收行业总体发展变化的基础上，提出新形势下现有回收体系存在着自身无法解决的两大问题，即相关业者在城市中的生存空间不断被挤压；废品源头产生者分类意识和行动退化。

市场失灵需要政府的干预，陈立雯注意到政府部门近年提出的环卫体系和再生资源回收体系的"两网融合"政策，也认为这应当是有效解决废品回收行业困境的正确途径。但她强调，政府相关部门在将废品回收所需要的硬件设施作为市政基础设施来投资、建设和管理的同时，应充分吸收原有回收人和回收系统的优势，让他们继续发挥作用，因为历史证明，这些从业者已很好地为社会服务几十年了，也有足够的潜力融入新体系。

## 五　可贵的民间零废弃探索和创新

相对于政府和大型企业，民间组织或环保社会企业在推进垃圾减量和分类方面所拥有的资源相对不足，但是它们却非常有活力，敢于在各个场域或各个类别的垃圾上进行尝试。它们将这些尝试称作"零废弃"行动。

### （一）不同场域下的民间行动

2016~2017 年初，民间零废弃行动在全国各地的城市居民区、农村社区、学校、商业场所、公共活动等场域都有了多样的试验和行动，以下列举一些成效突出，经验值得推广的案例。

2016年，上海爱芬作为一家拥有多年社区垃圾分类倡导和行动经验的环保社会组织，在继续其社区实操业务的基础上，初步总结出了城市社区垃圾分类的"三期10＋步法"，开始为其他致力于在城市推广垃圾分类的政府部门或社会组织，提供一套简单易行和可复制的工作指南。

成都绿色地球和南京志达是两家很有代表性的环保社会企业，它们利用"互联网＋"模式，以及商业运作的方法与政府和所在地社区合作，分别在成都和南京两市推动城市社区垃圾分类，都取得了显著的效果。

北京的金榜园社区则是一个由社会组织、热心业主和物业公司主导的一个优秀案例。与其他社区不同的是，这个小区开展垃圾分类的一个直接原因是业主和物业都有降低物业成本的需求，从这个角度出发，他们想方设法减少园林垃圾的外运处理量，提高可回收物的回收率，以此开源节流，最终同样促成了垃圾分类的落地。

相比城市居民区，农村社区的垃圾分类实践起步晚，但反而取得了更令人瞩目的成绩。来自北京联合大学的唐莹莹副教授，不仅是一位高校研究者，还是一位亲自在农村社区倡导、实践垃圾分类的行动者。2016年，她和其他几位志愿者，成功说服其所居住的北京市昌平区辛庄村的村干部，于6月正式开始在村里启动"垃圾不落地"试点工程。截至年底，这个村子取得了垃圾分类有效率95%、垃圾减量率75%的成绩。后来，唐老师和志愿者及时总结了辛庄经验，以人大代表建议的方式提交昌平区人代会和北京市人代会，获得了各级领导的高度重视和肯定。

以自然之友为代表的环保社会组织，一直在推动中小学校的垃圾分类教育和实践。《废弃物与生命》是该机构从2013年就开始研发的一套具有环境教育精神的课程。截至2017年，这套课程通过系统性的教师培训活动，将"零废弃校园"的理念带到了全国很多中小学中，效果突出的有北京五中，以及成都根与芽合作网络下的成都数所小学；前者还出现了"自然之

子"学生讲师团，把"厨余变沃土"的实践从自己的中学推广到了附近社区和小学。

除自然之友所影响的学校外，还有很多学校自主开展了垃圾分类活动，近两年让人津津乐道的两个案例，一个是北京明悦学校，另一个是武汉第二职业教育中心学校。前者建立了从举办者到教师，再到学生及其家长都共同参与的综合性垃圾减量和分类管理制度，后者则是学生在明星教师的带领下，在校园一角建立起一座"秘密花园"，实现了园林垃圾和部分餐厨垃圾的所在地循环利用。

北京有机农夫市集是在商品零售场所践行垃圾减量和分类的先行者。该市集经营者长期以来倡导顾客自带购物袋，成功推动全体商家禁用免费塑料袋，还募集闲置的"二手袋"，提供给没有带袋子的顾客。最近两年，仅在其周末市集上减少的塑料袋用量就达 20 万个。在此基础上，市集又开始做出一些新的尝试，如鼓励加盟农户主动回收鸡蛋托、牛奶瓶、罐头瓶、包装盒和送菜箱等可回收物。2017 年起，市集推出"打酱油"系列活动，顾客可以自带容器以优惠价格购买和灌装酱油、豆浆、米酒、醪糟、洗发水、洗碗液等，从根本上减少了包装物。

零废弃实践的另一个特殊场域是大型公共活动，如展览、会议、演唱会、体育赛事等。这些地方短时间内人流量大，垃圾产生强度大，垃圾管理也很具挑战性。不过，如果有效介入，这些场合可以实现明显的垃圾减量，给公众树立良好示范。环保组织宜居广州自 2015 年以来，已经参与打造了 5 场"零废弃活动"，直接参与人数超过 1.3 万人次，收集废弃物共 1870.6 千克，其中厨余垃圾 688.7 千克、可回收物 866.4 千克皆得到再生利用，资源回收率达 80% 以上。自然之友于 2016 年启动了"零废弃赛事"项目，专注于城市路跑和越野赛的垃圾减量。在"2016 北京春季城市越野赛"中，自然之友第一次承接了一项体育赛事的零废弃服务，并成功减少了多项不必要物品，回收了路标，用大桶水替代了瓶装水等。2017年，自然之友还将"零废弃"服务延伸到其他城市的体育赛事甚至大型公益户外活动中。

### （二）"摆脱塑缚"行动起步

民间零废弃行动，除了体现在上述不同场域之外，也可以从不同品类生活垃圾的源头减量、分类回收行动加以观察，例如，餐厨垃圾和园林废弃物这些有机易腐垃圾的分类收集和资源化处理，废灯管、废电池、废药品这些有害垃圾的无害化处理和资源再利用，装修建筑垃圾的可持续管理等。而在"可回收物"这个大品类中，相比金属、纸张、玻璃、木竹、棉纺物等，塑料的分类回收和再利用近几年遭受的挑战最为严峻。

2016年11月24日，纪录片《塑料王国》在阿姆斯特丹国际纪录片电影节上获新人单元评委会特别奖。在此之前，该片已部分在国内不同场合进行了放映，随即引起强烈的社会反响，也引发了全社会对于塑料行业，特别是塑料进口行业的关注和反思。

事实上，发达国家非法向我国转移低值废塑料的问题一直存在，进口废塑料倒卖非法加工亦屡禁不止，带来的环境问题不容小觑。不过，进口塑料及其回收处理产生的二次污染问题仅是塑料给环境和社会带来危害的一部分。即使没有国外"洋垃圾"进口，我国国内每年产生的塑料垃圾就足以对环境保护工作构成巨大压力。

哪里有危机，哪里就有行动。从2015年底开始，国内外的环保基金会、环保组织就开始集结，共同商议如何从全球、地区、国家不同层面系统性地应对塑料问题。经过2016年将近半年的酝酿，在全球层面和我国国内，都出现了以"摆脱塑缚"（Break Free from Plastic）为主题的针对塑料问题的民间环保联合行动。这些行动选择了以推动零废弃理念和实践、倡导生产者责任、干预失控塑料垃圾，以及限制问题产品这些方向作为近期的工作重点，并相继开展很多具体项目和行动。

客观而言，生活垃圾污染治理在目前我国环境保护的优先序列中并不靠前；相比而言，大气污染和水污染防治获得了政府、企业、科研部门和公众更多的关注和实际干预。然而，随着生活垃圾污染程度的进一步恶化，以及它与其他环境介质污染产生了更紧密的关联，其重要程度无疑在迅速上升

中。在 2016 ~ 2017 年初这段时间里，这种变化得到了更集中的体现，包括：垃圾处理和资源化利用遭遇更深刻的危机，"垃圾分类"上升为环保国策，有更多企业和民间组织勇于担当、勇于实践，在减少垃圾产生并促进资源循环再利用方面取得了许多进展。这样的巨大变化也许预示着全社会共同迎击垃圾污染，共同寻求长久解决方案的新时代的到来。

# 政策篇

**Policies**

**G.3**

# 生活垃圾强制分类制度有待进一步完善

高青松　李　婷*

摘　要：　2017 年 3 月，《生活垃圾分类制度实施方案》正式发布。随后，各地纷纷制定并实施了一系列规划与政策落实垃圾强制分类工作。生活垃圾强制分类制度建设取得了一定进展，但是仍存在法律体系不健全、监督管理不到位、资源配置不合理、公民义务不突出等问题。

关键词：　垃圾强制分类　环境保护　法治建设

随着中国经济的持续增长以及人民生活水平的不断提高，生产、生活垃

---

* 高青松，湘潭大学商学院教授；李婷，湘潭大学商学院研究生。

坂的产生量也与日俱增,许多城市都面临着"垃圾围城"困境。2011~2015年,中国设市城市生活垃圾清运量分别为16395万吨、17081万吨、17239万吨、17860万吨、19142万吨①,2012~2015年分别比上一年增长4.2%、0.9%、3.6%、7.2%(见图1)。

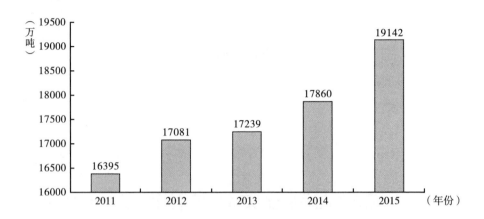

**图1 2011~2015年中国设市城市生活垃圾清运量**

当前,中国采用的垃圾处理方式主要有两种,一是卫生填埋,二是焚烧处理。但源头分类减量工作做得不到位,干湿垃圾混合投放、混合收运,造成交叉污染,部分可回收资源失去回收价值,垃圾总量不断提高。干湿垃圾混合投放和混合集使得填埋场的垃圾渗滤液处理更为复杂,令垃圾渗滤液处理实现低成本达标排放成为一种挑战。垃圾焚烧选址困难,居民都不愿意在其工作或者居住地附近建厂。

因此,强制推行生活垃圾源头清洁分类,一方面有利于资源的循环利用,减少资源的消耗和浪费;另一方面,可以降低垃圾后续无害化处理包括填埋或者焚烧的技术难度,减轻转移污染和交叉污染的程度。

---

① 国家统计局:《生活垃圾清运量》,http://data.stats.gov.cn/easyquery.htm? cn = C01&zb = A0B09&sj = 2015。

## 一 垃圾强制分类制度建设现状

（1）在国家层面，国家发改委、住建部于 2017 年 3 月正式发布了《生活垃圾分类制度实施方案》。提出到 2020 年底，基本建立垃圾分类的相关法律法规和标准体系，形成可复制、可推广的生活垃圾分类模式，在实施生活垃圾强制分类的城市，生活垃圾回收利用率达到 35% 以上。[①]

（2）在地方层面，各地响应中央政府工作要求，先后制定并实施了一系列规划与政策，以下是部分城市落实垃圾强制分类工作的进展。

2017 年 10 月，北京市印发《北京市人民政府办公厅关于加快推进生活垃圾分类工作的意见》，同时发布了《北京市生活垃圾分类治理行动计划（2017～2020 年）》。北京将创新垃圾分类收集管理模式，落实垃圾分类主体责任，稳步推进垃圾分类制度覆盖范围，力求到 2020 年，城市核心区基本实现垃圾分类全覆盖。同时，北京市将制定垃圾强制分类考核制度，对拒不履行垃圾分类责任的主体进行媒体曝光、通报批评或根据相关法律法规给予行政处罚。[②] 北京市朝阳区的垃圾分类示范小区——劲松社区已经开始实行垃圾分类"两网融合"，推动再生资源回收系统和生活垃圾回收系统两个系统的融合，对加强垃圾分类精细化管理意义重大。

2017 年 3 月，广州市政府印发了《广州市生活垃圾强制分类制度方案》，提出到年底前，在试点单位实行垃圾精准分类，完善分类投放、分类收集、分类运输与分类处理的体系。广州市从化区认真贯彻落实《广州市生活垃圾强制分类制度方案》要求，积极推进生活垃圾强制分类。从化区将全区各级党政机关、垂直机构、酒店、商场等作为生活垃圾强制分类示范试点，对于在强制分类区域不进行分类的垃圾不予以接收运输，同时对混合生活垃圾进行拍照备案并予以处罚。在垃圾收运工作中，从化区政府调整了

---

① 国家发展改革委、住房和城乡建设部：《生活垃圾分类制度实施方案》（国办发〔2017〕26 号）。

② 张然：《公共机构今年启动垃圾强制分类》，《北京日报》2017 年 4 月 18 日，第 1 版。

收运路线，更好地优化了分类收运系统，实现不同类别生活垃圾独立收集、独立运输，避免交叉污染。在监管工作中，实行生活垃圾分类激励机制和问责机制，将垃圾分类工作纳入城市管理综合绩效考评，将考核结果作为行业评价、经费划拨的重要依据。同时，对落实垃圾分类不力的单位将进行问责，督促全区生活垃圾分类各责任单位加强管理。①

2017年5月，深圳市政府印发了《深圳市生活垃圾强制分类工作方案》，方案提出到2020年，深圳要实现生活垃圾分类达标单位覆盖率90%，生活垃圾分类示范学校覆盖率100%。深圳将采用专业化分类与社会化分类相结合的"双轨"战略，运用"大分流细分类"的推进策略，全面构建"源头充分减量、前端分流分类、中段干湿分离、末端综合利用"的生活垃圾分类"深圳模式"②。为了增强垃圾分类的可操作性，2017年6月3日，深圳市政府发布了《深圳家庭生活垃圾分类投放指引》，对垃圾分类投放设施、容器标准化配置、家庭生活垃圾的分类类别和投放方法、垃圾分类处理收运体系等做了清晰的说明。③

上海市政府制定了《上海市促进生活垃圾分类减量办法》；积极推进《上海市生活垃圾管理条例》的立法工作。上海市将全面推进单位生活垃圾强制分类工作，全市公共机构及企事业单位将逐步实现"不分类不收运"，通过引逼结合的方法开展面向单位的执法工作，促进单位生活垃圾分类减量实效，形成一批具有引领作用的垃圾分类示范单位。在推进强制分类的同时引入监督机制，将垃圾分类的执行标准、第三方服务内容进行公示，并接受群众监督。④

福建福州、安徽合肥、四川广元、江苏苏州等城市借助信息网络平台，

---

① 《广州公布首批生活垃圾强制分类点　做不好问责处罚》，http：//www. Solidwaste. com. cn/news/260106. html。

② 《深圳推行垃圾强制分类》，http：//www. solidwaste. com. cn/news/259285. html。

③ 《深圳率先建立垃圾强制分类制度　打造"深圳模式"》，《南方都市报》2017年6月5日，第SA08版。

④ 《明年底上海所有单位垃圾强制分类，逐步实现不分类、不收运》，http：//www. shobserver. com/news/detail？id＝24901。

打造"互联网＋垃圾分类"模式。福建省福州市运用"互联网＋垃圾分类"促进垃圾分类回收系统线上平台与线下物流实体相结合，并逐步将生活垃圾强制分类主体纳入环境信用体系。① 合肥市蜀山区给每户居民发放一张专属的智能二维码卡，通过扫描卡片选择可回收垃圾、有毒有害垃圾等的分类投放，投放完成后会获得相应积分，可以到指定地点用积分兑换日常生活用品。② 四川广元市在规模相对较大的小区建设智慧居家云平台，录入住户信息后，居民可以在平台上直接互换、交易可回收物；通过扫描二维码准确地进行垃圾分类投放还可获得积分奖励，提高了居民对垃圾分类方式和成果的体验。③ 江苏苏州市对农村垃圾分类进行信息化改造，借助官方网站、微信等渠道进行垃圾分类宣传；居民通过绑定身份信息的 App 对可回收、有毒有害等相应的垃圾桶进行扫码投放垃圾，工作人员通过手持终端扫码确认居民身份，记录投放情况，实现垃圾分类的溯源管理；通过积分回馈调动居民积极性，通过对居民环保贡献的统计提升居民责任感。④

在中央确定的 46 个先行实施强制垃圾分类的城市中，除了上述城市外，天津、厦门、杭州等地都先后在立法方面采取了积极的行动（见表1），其余尚未出台相关法律法规的城市也在积极拟定方案，切实推进垃圾强制分类工作的落实。

表1　中国部分城市垃圾分类制度建设进展

| 城市 | 法律法规 | 时间 |
|---|---|---|
| 北京 | 《关于进一步推进垃圾分类工作的实施意见》 | 编制完成,近期发布 |
| 上海 | 《上海市生活垃圾分类减量工作实施方案》 | 2016 年 8 月发布 |

① 许夏伟：《"互联网＋分类回收"能否破解"老大难"？》，《中国环境报》2017 年 5 月 11 日，第 3 版。
② 《垃圾分类智能化》，《人民日报》2017 年 7 月 17 日，第 13 版。
③ 程文雯：《让居民分类扔垃圾不再嫌"麻烦"》，《四川日报》2017 年 5 月 10 日，第 9 版。
④ 《46 城垃圾强制分类，垃圾分类如何做？》，http：//www.solid waste.com.cn/news/257003. html。

续表

| 城市 | 法规规章 | 时间 |
|------|---------|------|
| 广州 | 《广州市生活垃圾强制分类制度方案》 | 2017 年 3 月起施行 |
| 深圳 | 《深圳市生活垃圾强制分类工作方案》 | 2017 年 5 月发布 |
| 苏州 | 《2017 年苏州市生活垃圾分类处置工作行动方案》 | 2017 年 3 月发布 |
| 杭州 | 《杭州市生活垃圾管理条例》 | 2015 年 12 月起施行 |
| 南京 | 《南京市生活垃圾"十三五"无害化处理规划》 | 2016 年 11 月发布 |
| 银川 | 《银川市生活垃圾管理条例》 | 2016 年 12 月发布 |
| 厦门 | 《厦门市生活垃圾分类和减量管理办法(试行)》 | 2016 年 4 月发布 |
| 成都 | 《成都市市容和环境卫生管理条例》 | 2017 年 6 月起实施 |
| 福州 | 《福州市生活垃圾分类试点工作实施方案》 | 2017 年 6 月发布 |
| 合肥 | 《巢湖市农村生活垃圾分类减量化处理和资源化利用工作实施方案》 | 2017 年 2 月发布 |
| 昆明 | 《昆明市餐厨废弃物管理办法》 | 2017 年 7 月发布 |
| 兰州 | 《兰州市餐厨垃圾集中处置管理暂行规定》 | 2017 年 7 月发布 |
| 天津 | 《天津市生活垃圾管理条例》 | 已列入 2017 年度立法计划的预备审议项目 |
| 武汉 | 《武汉市餐厨废弃物管理办法(征求意见稿)》 | 2017 年 7 月发布 |

总的来说，我国在推进垃圾强制分类工作中已经取得了一定的成果。在国家发改委和住建部联合发布的《生活垃圾分类制度实施方案》中明确提出了垃圾的分类、投放、收运和处置标准，提高了垃圾分类管理工作的可操作性。各级地方政府也以中央的文件为基础，根据自身的实际情况，因地制宜地制定了合理的实施路径，有序地推进垃圾强制分类工作。

## 二 生活垃圾强制分类制度建设中存在的突出问题

经过多年的理论研究和实践试点经验总结，中国已初步形成了垃圾分类的法律框架，但是中国的垃圾强制分类制度建设过程中仍存在一些突出问题。

1. 法律体系不健全

垃圾分类是"减量化、资源化、无害化"的重要前提。当前我国已形成以《中华人民共和国环境保护法》《中华人民共和国清洁生产促进法》等为基本法，包含《城市市容和环境卫生管理条例》《城市生活垃圾管理办法》等行政法规和部门规章制度以及《北京市生活垃圾管理条例》《上海市生活垃圾管理条例》等地方性规章条例的垃圾分类法律体系。但是我国至今还没有一部专门规制垃圾分类，能够衔接垃圾分类基本法律和具体法律法规的综合性法律。①《中华人民共和国环境保护法》等 4 部基本法律仅在部分条例中提到与垃圾分类有关的内容，没有全面、具体地对垃圾分类做出整体的规范和要求。同时，当前法律在垃圾生产者的责任与义务、混合投放的处置与惩罚、垃圾计量收费的标准、垃圾源头分类配套物流设施建设规划等方面均缺乏明确的配套法律规范。我国从 2000 年就开始在北京、上海等 8 个城市进行垃圾分类试点工作，但时至今日，垃圾分类仍举步维艰。② 究其原因，相关法律法规的缺失是其中不可忽视的一环。实践证明，仅靠民众的自觉分类很难取得显著成效③，科学合理的法律规范是实行垃圾分类的重要保障。

2. 监督管理不到位

首先，政府对垃圾生产者的监管不到位。当前，许多城市都在垃圾分类实施方案中明确规定，将对不进行垃圾分类的垃圾生产者或是相关管理部门进行罚款，但是在实际实施的过程中，大部分城市基本上都没有向违规者开出罚单。究其原因，一部分是由于监管部门对政府出台的文件重视程度不够、执行力不强；另一部分是由于难以确认未进行垃圾分类者的身份，惩罚措施难以落实到位。其次，政府对垃圾收运者的监管不到位。在垃圾收运过程中，由于缺乏严格的监管，垃圾收运者为了省时省事将已经分类的垃圾同时倒入一辆垃圾车内混合运输④，将垃圾源头分类的成果全部否定。这种行为对居民进行垃圾分类的积极性造成极大的打击，严重阻碍垃圾源头分类工

---

① 陈钰瑶、范玺珂：《中国大陆垃圾分类立法研究——与国外相关法律比较分析》，《市场论坛》2016 年第 6 期。

② 余洁：《关于中国城市生活垃圾分类的法律研究》，《环境科学与管理》2009 年第 4 期。

③ 吕维霞、杜娟：《日本垃圾分类管理经验及其对中国的启示》，《华中师范大学学报》（人文社会科学版）2016 年第 1 期。

④ 吴宇：《从制度设计入手破解"垃圾围城"——对城市生活垃圾分类政策的反思与改进》，《环境保护》2012 年第 9 期。

作的推进。再次，民众对政府相关管理部门的监督缺乏。由于垃圾分类信息公开范围以及公开方式有限，很大程度上限制了民众对政府有关部门工作进展的知情权、参与权和监督权。在垃圾填埋或焚烧等末端处理的选址建设中，"邻避事件"屡见不鲜。由于缺乏有效的沟通渠道，环保项目建设论证过程中民众参与度低，民众不能有效表达诉求，垃圾处理设施在建设和运营中遭到利益相关民众的抵制，最终演变成经济发展与公民权利保障双输的局面。① 最后，民众对于积极主动参与监督政府部门工作的意识也不强，对相关工作人员的不作为行为容忍度较高。监督管理不到位，不能形成政府规范民众行为、民众督促政府执行的相互监督系统，即便拥有再完善的法律法规也难以使垃圾分类工作得到有效推行。

3. 资源配置不合理

当前多数城市在垃圾处理的资源配置结构上存在严重问题，轻源头分类而重末端处理，资源配置主要集中在垃圾收运和处置环节，在源头分类环节上除了摆放收集不同种类垃圾的垃圾桶外几乎没有其他投入。② 在垃圾源头分类上，缺乏对自觉进行垃圾分类的相关奖励手段，难以调动居民进行垃圾分类的积极性。垃圾源头分类是垃圾处理的重要前提，垃圾源头分类的质量决定了垃圾的"资源化"利用率以及后期垃圾处理的成本，政府需要将资源配置向源头倾斜，合理分配垃圾处理经费。另外，在垃圾分类的收运和处置过程中，缺乏市场化运作，对专业的生活垃圾分类处置企业扶持不足，形成个别企业"垄断"的局面。没有激烈的市场竞争，就会影响这两个环节的服务质量，导致在收运环节出现混合运输以及末端处置环节混合处理等现象。垃圾分类管理是一项涉及分类收集、投放暂存、收运处置等多个方面的系统工程，任何一个环节出错都将导致整个系统的失效。

4. 公民的责任与义务不具体

公民个人是生活垃圾生产者的重要组成部分，有责任进行垃圾分类。而

---

① 石磊：《推进垃圾分类的法治应对策略》，《再生资源与循环经济》2017年第2期。
② 高青松、胡佳慧、彭丹、唐飞：《依法强制实施垃圾源头分类管理探讨》，《环境保护》2015年第1期。

在垃圾强制分类试点城市中，部分公民对垃圾分类态度冷漠，他们认为自己已经交了物业费，没有义务再进行垃圾分类工作。大部分进行垃圾强制分类的城市垃圾分类效果都不理想，干湿垃圾混装投放现象屡见不鲜，民众不知道如何进行分类或者不愿意进行分类，因为分类有成本而不分类却几乎不用付出代价。在国家发改委和住建部最新出台的《生活垃圾分类制度实施方案》中规定了实施生活垃圾强制分类的主体包括事业单位、社团组织、公共场所管理单位等公共机构以及宾馆、饭店等相关企业。[1] 由此可以看出，当前中国垃圾强制分类的主体仍是组织而非个人，现有法律也没有明确规定个人的具体责任与义务[2]，而是以引导的方式鼓励居民自觉开展生活垃圾分类。公民作为重要的生活垃圾生产者，不明确规定其责任与义务，就无法对其规范投放垃圾的行为进行有效的约束，仅依靠个人的环保意识和道德水平，难以做到垃圾的有效分类。

## 三 垃圾强制分类制度建设的对策

针对以上制度建设的不足，我国政府还需从以下方面对垃圾强制分类制度建设进行加强和完善。

1. 健全垃圾分类相关法律

当前中国已形成包括基本法、行政法规和部门规章制度、地方性法规条例等的垃圾分类制度体系，但4部基本法律仅在部分条例中提到与垃圾分类有关的内容，没有全面、具体地对垃圾分类做出整体的规范和要求，仍需制定一部能够衔接垃圾分类的基本法律和具体法律法规的垃圾强制分类综合性法律，对垃圾分类、收运、处置等环节制定相关细则，强化垃圾分类处理的可操作性。同时，还需完善垃圾分类的配套法律。配套法律应该对明确垃圾生产者的责任与义务；违规违法的惩罚条款；垃圾计量收费的标准；垃圾源

---

[1] 国家发展改革委、住房和城乡建设部：《生活垃圾分类制度实施方案》（国办发〔2017〕26号）。

[2] 石磊：《推进垃圾分类的法治应对策略》，《再生资源与循环经济》2017年第2期。

头分类配套物流设施建设规划等方面的内容进行明确的规范。建立健全垃圾分类法规体系，将合理的垃圾分类回收制度形成明确的政策法规，使垃圾分类有法可依，强有力的法律约束有利于强化居民的垃圾分类意识和提高垃圾分类质量，为垃圾的后期处置工作提供保障。

2. 完善监督管理机制

政府承担着生活垃圾源头分类投放和收运的合规性监督、垃圾分类绩效审计及相关奖惩、生活垃圾处置过程及环境污染程度信息公开等责任。对于不进行垃圾分类的组织和个人，政府必须严格依照法律进行处罚。通过移动互联网来实现垃圾的溯源管理，为垃圾分类违规行为的惩罚提供依据。在末端的垃圾处置环节对垃圾站收运来的垃圾进行分类质量评估，若运输的垃圾未能按照标准分类，将对收运环节的相关企业或人员进行处罚。要通过立法来保障公民的知情权、参与权和监督权，完善民众诉求表达机制。政府需要完善垃圾分类信息公开制度，及时向民众传达垃圾分类实施的进展，特别是涉及民生的建设项目环评审批，要广泛听取公众的意见和建议，这样才能有效避免"邻避事件"的发生。政府规范民众行为，民众也需对政府工作进行监督。政府要广开言路，听取民众的意见建议，民众对政府工作人员的不作为行为要坚决举报。完善监督管理机制，只有形成一个政府和民众相互监督、相互促进的系统，垃圾分类的工作才可以得到有序推进。

3. 优化资源结构配置

垃圾分类管理是一项涉及分类收集、投放暂存、收运处置等多方面的系统性工程，而前端的垃圾源头分类质量更是关系到"资源化"的程度和后期处置成本。因此政府应调整生活垃圾处理资源配置结构，将资源配置向源头倾斜，将更多的经费用于生活垃圾源头分类的奖励以及垃圾分类宣传经费。同时还要合理运用财政补贴、税收优惠、特许经营等政策措施，大力支持专业的生活垃圾分类处置企业，引导垃圾分类处置工作走向市场化和产业化，形成良好的经济、社会和生态效益。用市场化的运作方式，通过政府购买服务的方式向社会进行"垃圾分类宣传指导、垃圾收运、垃圾无害化处置"等服务，最终按照服务效果付费，对项目完成不达标的企业实施淘汰制。这既有利于提高环保企业的竞争意识也可以提高公共服务的质量。优化资源配置结构,合理分配垃圾分类前端、中端以及末端的资源比例,再结合财政税收等手段促进垃圾分类的市场化和产业化,为垃圾强制分类工作的推进提供了重要的经济保障。

4. 明确公民义务

垃圾分类并不是政府和企业的专属责任,作为垃圾生产者中的一员,每个公民也必须承担相应的义务。国家应从立法上明确规定公民在垃圾分类上的具体义务和相关的奖惩措施,对未按规定进行垃圾分类的居民进行惩罚以督促其日后认真开展垃圾分类工作,对自觉分类的公民给予一定的奖励以鼓励其继续保持良好的环保习惯。通过"互联网+垃圾分类"的模式,居民运用绑定身份信息的 App 对可回收、有毒有害等相应的垃圾桶进行扫码投放垃圾,工作人员通过手持终端扫码确认居民身份,记录投放情况。这个"互联网+"模式可以实现垃圾分类的溯源管理,对不正确分类生活垃圾的公民进行处罚并上门开展教育工作。对正确进行垃圾分类和投放的公民可以给予现金或者实物奖励,且在公开的社区媒体上公布公民环保贡献率以提升公民责任感和积极性。通过强有力的法律约束,加上一定的奖惩措施促使公民快速养成垃圾分类习惯。将垃圾分类纳入义务教育的课程当中,从小培养公民的垃圾分类意识。另外,还需通过工作人员上门宣传、印发垃圾分类指引手册以及大众媒体等手段向公民宣传垃圾分类的具体标准,以帮助其进行准确的垃圾分类,有利于提高垃圾分类质量。

**参考文献**

国家统计局:《生活垃圾清运量》,http://data. stats. gov. cn/easyquery. htm? cn = C01&zb = A0B09&sj = 2015。

国家发展改革委、住房和城乡建设部:《生活垃圾分类制度实施方案》(国办发〔2017〕26 号)。

张然:《公共机构今年启动垃圾强制分类》,《北京日报》2017 年 4 月 18 日第 1 版。

《广州公布首批生活垃圾强制分类点 做不好问责处罚》，http：//www. Solidwaste. com. cn/ news/260106. html。

《深圳推行垃圾强制分类》，http：//www. solidwaste. com. cn/news/259285. html。

《深圳率先建立垃圾强制分类制度 打造"深圳模式"》，《南方都市报》2017 年 6 月 5 日，第 SA08 版。

《明年底上海所有单位垃圾强制分类，逐步实现不分类、不收运》，http：//www. shobserver. com/news/detail？id = 24901。

许夏伟：《"互联网 + 分类回收"能否破解"老大难"？》，《中国环境报》2017 年 5 月 11 日，第 3 版。

《垃圾分类智能化》，《人民日报》2017 年 7 月 17 日，第 13 版。

程文雯：《让居民分类扔垃圾不再嫌"麻烦"》，《四川日报》2017 年 5 月 10 日，第 9 版。

《46 城垃圾强制分类，垃圾分类如何做？》，http：//www. solid waste. com. cn/news/ 257003. html。

陈钰瑶、范玺珂：《中国大陆垃圾分类立法研究——与国外相关法律比较分析》，《市场论坛》2016 年第 6 期，第 17～19 页。

余洁：《关于中国城市生活垃圾分类的法律研究》，《环境科学与管理》2009 年第 4 期。

吕维霞、杜娟：《日本垃圾分类管理经验及其对中国的启示》，《华中师范大学学报》（人文社会科学版）2016 年第 1 期。

吴宇：《从制度设计入手破解"垃圾围城"——对城市生活垃圾分类政策的反思与改进》，《环境保护》2012 年第 9 期。

石磊：《推进垃圾分类的法治应对策略》，《再生资源与循环经济》2017 年第 2 期。

高青松、胡佳慧、彭丹、唐飞：《依法强制实施垃圾源头分类管理探讨》，《环境保护》2015 年第 1 期。

# G.4
# 民间建言"十三五"垃圾处理规划

田　倩*

**摘　要：** 2016 年底，《"十三五"全国城镇生活垃圾无害化处理设施建设规划》正式发布。在规划制定的过程中，社会各界都尝试参与其中，民间环保组织、研究团队是其中非常重要的两股民间力量，他们提出了很多建设性意见。尽管在最终发布的规划中，这些意见大都没有得到采纳，但是民间力量对垃圾问题的关注和研究，以及他们对于政策制定过程的积极参与，依然是我国垃圾管理的一大亮点。民间力量的参与，不仅仅是提出了具体的垃圾管理政策建议，同时也探索了我国公众参与国家级政策规划的可能性。

**关键词：** "十三五"垃圾处理规划　"十三五"民间建议稿　垃圾管理

2016 年 9 月 22 日，国家发改委和住建部对外发布《"十三五"全国城镇生活垃圾无害化处理设施建设规划（征求意见稿）》，2017 年 1 月 22 日，正式对外发布《"十三五"全国城镇生活垃圾无害化处理设施建设规划》①（以下简称《规划》）。

《规划》的制定过程得到了多方关注，民间环保组织认为，"十三五"

---

\* 田倩，零废弃联盟秘书长。

① 《国家发展改革委、住房和城乡建设部关于印发〈"十三五"全国城镇生活垃圾无害化处理设施建设规划〉的通知》（发改环资〔2016〕2851 号），http：//www.ndrc.gov.cn/zcfb/zcfbtz/201701/t20170122_836016.html。

垃圾管理规划非常重要，是我国从垃圾处理迈向垃圾管理，垃圾分类能否得到有效、普遍推行的关键时期，他们通过多种渠道多次建言献策，其中，零废弃联盟的行动可以说是典型代表。

# 一 民间组织三谏"十三五"垃圾处理规划

2015年，零废弃联盟通过文献搜集、申请信息公开、实地考察等方式对《"十二五"全国城镇生活垃圾无害化处理设施建设规划》的实施及完成情况进行了评估，并形成了民间评估意见①，并在这份评估意见的基础上提出了制定垃圾管理"十三五"规划应该坚持的几项原则，包括：（1）全国垃圾管理的"十三五"规划应在深刻评估"十二五"规划完成情况的基础上制定，应得到更加严肃的对待，引入更多的公众参与，这样才能为下一个五年，乃至更长久时间内中国生活垃圾管理的改革之路规划出一幅明晰的蓝图。②（2）"十三五"规划以无害化、减量化、资源化及低成本化为生活垃圾管理的主要目标；变"垃圾处理"规划为"垃圾管理"规划，或"零废弃"规划，明确垃圾末端处理减量目标；重新考虑垃圾焚烧在垃圾管理中的定位、比重和投资规模；重点就垃圾产生抑制、分类，厨余/餐厨垃圾、包装物、有害垃圾管理，以及废品回收业进行更具体的规划。

2016年"两会"期间，零废弃联盟关于垃圾管理的理念得到了几位代表委员的认可，并递交了提案——《关于应当充分认识〈"十二五"全国城镇生活垃圾无害化处理设施建设规划〉落实不理想的情况，制定以"减量化、无害化、资源化、低成本化"为目标的"十三五"垃圾管理规划的建议》。

2016年9～10月，在《关于征求〈"十三五"全国城镇生活垃圾无害化处理

---

① 更多"十二五"垃圾管理规划民间评估内容，请查看《中国环境发展报告（2016）》，社会科学文献出版社，2016。
② 《中国环境发展报告（2016）》，社会科学文献出版社，2016。

设施建设规划（征求意见稿）〉意见的函》① 发布后，自然之友、北京零废弃、北京时尚环保联盟、零废弃联盟、郑州环境维护协会、芜湖生态中心等环保组织分别在北京、上海、郑州、芜湖等地发起了针对"十三五"规划的研讨会，形成了民间环保组织关于征求意见稿的总体建议（以下简称民间建议），并由零废弃联盟为代表，在 10 月 25 日递交住建部和国家发改委。环保组织指出"十三五"规划存在的问题，并提出六点建议。第一，"生活垃圾处理设施建设规划"应彻底转变为"生活垃圾管理发展规划"，由两部门转为多部门协作编制；第二，将"加快建立垃圾强制分类制度"作为规划的指导思想和基本原则，并贯穿规划制定的每一个环节；第三，严格依照中央关于"严守资源环境生态红线"的部署要求，设置规划中缺失的生活垃圾产生总量、末端处置总量以及相关污染物排放总量的控制目标；第四，严格遵循中央关于"树立垃圾是资源和矿产的理念"的部署要求，增加垃圾多元化和高效资源化利用设施建设的内容和目标，取代现有的以焚烧为主的技术路线；第五，修正"垃圾进入无害化处理设施等同于得到无害化处理"的错误认识，重新定义和计算"无害化处理率"；第六，增强规划文本形式上的合规性、科学性和严谨性。

民间建议提交以后，并未得到国家发改委和住建部的主动回应。为此，零废弃联盟分别致电国家发改委和住建部，询问两部委对民间建议的反馈。住建部回复道该规划由发改委牵头，他们主要配合参与，进程由发改委负责，若要了解更为具体的情况建议询问发改委。发改委则回应称："民间联名提交的建议书已经收到。现正在征集各部委和部门的意见反馈，但由于各部门，包括民间的反馈都太多，不能一一回复。后期对征集的意见会做内部讨论，但不会对社会公开讨论情况。"

2017 年 1 月 5 日，由民间志愿者团队编写数月完成的《"十三五"全国城乡生活垃圾管理发展规划（民间建议稿）》（以下简称"十三五"民间建议稿）正式发布，提出了"十三五"时期从垃圾处理彻底迈向垃圾管理的

---

① 《国家发展改革委办公厅、住房和城乡建设部办公厅关于征求〈"十三五"全国城镇生活垃圾无害化处理设施建设规划（征求意见稿）〉意见的函》，http://bgt.ndrc.gov.cn/zcfb/201609/t20160929_821012.html。

路径，希望成为新规划编制的讨论基础或重要参考。

"十三五"民间建议稿编写团队认为，官方"十三五"垃圾处理规划（征求意见稿）背离了垃圾全过程、综合性管理规划的趋势，仍然局限在"末端处理"的旧思路上，同时也没有将中央生态文明建设方略中强调的"垃圾强制分类"列为"指导思想"和"基本原则"，形式和内容都无法令人满意。"十三五"民间建议稿提出了以下核心建议。

第一，"十三五"民间建议稿将标题由"'十三五'全国城镇生活垃圾无害化处理设施建设规划"改为"'十三五'全国城乡生活垃圾管理发展规划"，强调规划由末端"垃圾处理"向全过程、综合性"垃圾管理"的转变，在内容上将"管理"放在比"建设"更重要的位置，并将规划范围从城镇扩大到农村地区。

第二，结合中央关于推行垃圾强制分类的部署，将分类示范市（区）改为强制分类示范市（区），提出了垃圾年清运量和人均日清运量的减量目标："到2020年，全国生活垃圾年清运总量不高于2015年水平，其中东部地区下降10%。垃圾强制分类示范市（区）人均生活垃圾日清运量控制在0.65千克以下，省会和直辖市控制在0.8千克以下，其他城市控制在0.9千克以下"[①]。设定减少垃圾清运量的目标非常重要，它其实就是减少进入垃圾填埋和焚烧处理设施的垃圾量，这对于垃圾分类而言是根本目标。

第三，明显降低焚烧比例，提高资源再生利用、餐厨生化处理的比例。"十三五"垃圾处理规划（征求意见稿）中提到，"到2020年底，全国城镇焚烧达到50%，东部地区要达到60%以上"。"十二五"中垃圾焚烧的全国和东部地区目标分别是35%和48%，实际完成情况分别为28.6%和45.5%。这一比例相比世界上绝大多数国家已属于较高水平。考虑到垃圾焚烧的风险以及强制分类的势在必行，垃圾焚烧量应得到必要控制，因而，"十三五"民间建议稿提出："到2020年，全国城镇生活垃圾焚烧比例控制在35%以内，东部地区控制在45%以内；全国资源再生利用、餐厨生化处

---

① "十三五"民间建议稿中0.65千克、0.8千克、0.9千克的指标参考了中国人民大学国家发展与战略研究院宋国君团队撰写的《我国城市生活垃圾"十三五"管理目标和管理模式建议》报告。

理能力占无害化处理总能力达到 50% 以上，东部地区达到 45% 以上"的量化目标。东部地区 45% 的另一层含义是要求"十三五"规划期间东部地区较 2015 年实现垃圾焚烧零增长。

第四，修正"垃圾进入无害化处理设施等同于得到无害化处理"的错误认识，增加强化垃圾处理设施监管的量化目标和刚性要求。历次全国垃圾处理的五年规划，始终将"垃圾进入无害化处理设施填埋与焚烧等同于得到无害化处理"，由此得出的所谓"无害化处理率"是完全不科学的。而衡量无害化处理的标准则是末端处理设施运行连续达标。因而，在"十三五"民间建议稿中，设定了"到 2020 年，垃圾处理设施污染物排放连续达标率达到 100%，且焚烧处理设施全部纳入国控企业和重点排污单位，实时监控数据 100% 向社会公开"的目标。

## 二 一张表看清4个规划

2017 年 1 月 22 日，国家发改委网站对外发布了关于印发《"十三五"全国城镇生活垃圾无害化处理设施建设规划》的通知（发改环资〔2016〕2851 号）[①]。表 1 整理了"十三五"民间建议稿与官方"十二五""十三五"垃圾处理规划以及"十三五"垃圾处理规划（征求意见稿）的区别。

**表 1 一张表看清 4 个规划**

| 指标 | | 《"十二五"垃圾处理规划》（2015 年） | 《"十三五"垃圾处理规划征求意见稿》（2020 年） | 《规划》（2020 年） | "十三五"民间建议稿（2020 年） |
|---|---|---|---|---|---|
| 总量控制 | 年清运总量 | 无 | 无 | 无 | 不超过 2015 年水平（东部 −10%） |
| | 人均日清运量 | 无 | 无 | 无 | 分类示范市 <0.65kg；直辖市、省会城市、计划单列市 <0.8kg；其他城市 <0.9kg |

---

① http：//www.sdpc.gov.cn/zcfb/zcfbtz/index_2.html.

续表

| 指标 | | 《"十二五"垃圾处理规划》（2015年） | 《"十三五"垃圾处理规划征求意见稿》（2020年） | 《规划》（2020年） | "十三五"民间建议稿（2020年） |
|---|---|---|---|---|---|
| 垃圾分类 | 分类示范市（区）建设 | 各省建成1个以上 | 无 | 直辖市、计划单列市和省会城市生活垃圾得到有效分类 | 各省建成1个以上（强制） |
| | 餐厨垃圾分类运输率 | 设区城市50% | 30%（并实现无害化、资源化） | 提高餐厨垃圾集中收集率和收运体系覆盖率 | 设区城市餐饮50%；分类示范市家庭100% |
| | 生活垃圾回收利用率 | 无 | 高于35% | 高于35% | 无 |
| 处理能力 | 无害化处理 直辖市、省会城市、计划单列市 | 100% | 建成区100% | 100%（新增省会城市建成区） | 100% |
| | 无害化处理 设市城市 | 高于90% | 高于95%（新疆、西藏除外） | 高于95% | 100% |
| | 无害化处理 县城 | 高于70% | 建成区高于80% | 建成区高于80% | 高于90% |
| | 无害化处理 建制镇 | 城镇新增58万吨/日 | 高于70%，新增34万吨/日 | 高于70% | 无 |
| | 资源化处理 | 无 | 无 | 无 | 高于50%（东部高于45%） |
| | 末端处理 填埋 | 无 | 直辖市、省会城市、计划单列市0% | 具备条件的直辖市、计划单列市和省会城市（建成区）0% | 高于15%（东部高于10%） |
| | 末端处理 焚烧 | 高于35%（东部高于48%） | 高于50%（东部高于60%） | 高于50%（东部高于60%） | <35%（东部<45%） |
| 污染防治 | 建立处理设施监管体系 | 完善 | 较完善 | 较完善 | 100%在线监测；焚烧厂100%纳入国控企业和重点排污单位；在线监测数据100%公开 |
| | 处理设施污染物排放连续达标率 | 无 | 无 | 无 | 100% |
| | 处理设施POPs和重金属排放总量 | 无 | 无 | 无 | 较2015年各自降低10% |
| | 存量治理项目 | 1882个 | 845个 | 803个 | 889个 |

| 指标 | | 《"十二五"垃圾处理规划》(2015年) | 《"十三五"垃圾处理规划征求意见稿》(2020年) | 《规划》(2020年) | "十三五"民间建议稿(2020年) |
|---|---|---|---|---|---|
| 统计监测 | 建立环卫、再生资源、环保三大系统统一的机构和制度 | 无 | 无 | 无 | 有 |

《规划》与2016年9月发布的征求意见稿相比,并没有实质性的改变,例如全国垃圾焚烧比例、无害化处理率;稍有区别的则是在生活垃圾分类上,在征求意见稿中,没有对分类示范市(区)建设的计划,而在《规划》中,则是"将直辖市、计划单列市和省会城市生活垃圾得到有效分类"列入,这显然是和习近平主席提出的普遍推行垃圾分类制度密切相关;而在征求意见稿中,对餐厨垃圾分类运输率提出了"30%的运输率,并提出无害化、资源化",但在《规划》中,则改为"提高餐厨垃圾集中收集率和收运体系覆盖率",而"十二五"垃圾处理规划中是"设区城市50%达到餐厨垃圾运输率",没有定量化的指标,则难以评估完成的效果。

《规划》仍未参考民间建议中4个核心意见,即将末端处理规划改为综合性的垃圾管理规划,降低垃圾焚烧比例,将焚烧和填埋直接作为无害化处理的界定,以及缺乏垃圾分类的实质性指标。

此次民间环保组织对垃圾处理"十三五"规划的参与可谓空前深入和持久,提出的建议也得到了广泛的认可。在环保组织致电国家发改委询问其对于民间建议的反馈时,国家发改委也直言民间组织的建议非常中肯。

中国矿业大学文法学院行政管理系主任谭爽认为:党中央已多次在重要会议与文件中为垃圾治理做出顶层规划,北京、成都、广州、上海等地的社会在自治中积累了丰富的基层经验,而"高层"与"基层"之间,需要孕育"垃圾治理中层",即由环境 NGO、专家学者、新闻媒体等联结而成的

"垃圾治理民间网络"①。中层力量得不到吸纳，一方面影响高层环保理念的贯彻落实，另一方面也导致基层的智慧无法得到有效传播与推广，打击居民的参与积极性。因此，政府部门应该积极与环保社会组织、专家学者、新闻媒体等寻求共识，让中层组织更好地运转，进而构建以"减量与分类"为导向的政社协同垃圾治理模式，合力落实高层治国理念，这将是突破我国"垃圾围城"窘境的必由之路。

---

① 19 世纪，美国学者康豪瑟（William Kornhause）提出"大众社会理论"，认为正常的社会结构应包括政治精英、中层组织、普通民众 3 个层次。其中，中层组织作为上下桥梁，既能保护民众免受政治精英操控，又可防止政治决策直接为大众压力所左右，对于缓解社会矛盾、优化社会治理具有重要作用。

# G.5
# 欧盟循环经济立法对中国
# 生活垃圾管理的启示

谢新源*

摘　要：　"欧盟循环经济一揽子法案"的核心是废弃物管理。欧盟已经意识到，生活垃圾的分类和回收利用，能促进物料在经济中多次循环，减少对原生资源的依赖，降低国家对外依存度，减少外汇消耗；把资源再利用做大做强，也将提高其绿色产业在国际上的竞争力。欧盟循环经济立法也给我国带来很大启示：对于我国而言，生活垃圾管理转向分类回收和循环再生，不但能减少焚烧等混合垃圾末端处理方式带来的巨大环境健康风险，从根本上解决邻避问题等社会风险；在成功开展垃圾分类的过程中，还能提高政府的公信力，将环保从理念变成全民参与的行动，在党和国家十分重视生态文明建设的今天，具有难以估量的正面意义。

关键词：　欧盟循环经济一揽子法案　垃圾管理　垃圾分类

## 一　欧盟循环经济一揽子法案的进程

2014 年 7 月，根据 2008 年废弃物框架指令的要求和欧盟经济转型的现

---

\* 谢新源，零废弃联盟政策专员。

实需求，欧盟委员会（简称，欧委会，European Commission）对废弃物管理作出回顾性总结，并且制订了循环经济一揽子法案和行动计划。

2014年底上台的容克委员会（Juncker Commission）废除了上一届欧委会的决定，但在2015年12月提交了重新拟定的循环经济一揽子法案，主要包括《欧盟循环经济行动计划》《关于修改〈2008（98）EC废弃物指令〉的法案》《关于修改〈94（62）EC包装物和包装废弃物指令〉的法案》《关于修改〈1999（31）EC废弃物填埋指令〉的法案》和《关于修改〈2000（53）EC报废汽车指令〉〈2006（66）EC电池、电容和废弃电池、电容指令〉以及〈2012（19）EU电子电器废弃物指令〉的法案》。

相比之前更侧重于废弃物管理的法案，新一届欧委会拟定的《欧盟循环经济行动计划》还强调了产品的生态设计、产品加工过程的节能降耗和工业共生（Industrial Symbiosis），在消费环节保证环境友好型产品的可靠性和竞争力、促进再生资源市场发育、鼓励循环经济的创新和投资等方面作出了更详细的计划。这次调整的目的在于使循环经济一揽子法案与欧盟的就业和经济增长议程更兼容，并且考虑到了欧盟成员国之间的差异性。

2017年1月，《欧盟循环经济行动计划》实施一年之际，欧委会向欧洲议会（European Parliament）和欧洲理事会（European Council）提交了一份《实施报告》，总结了一年来的行动，包括：提出《网售商品法案》《肥料法案》，着眼于为创新扫除法律障碍的《创新协议》《生态设计工作计划2016～2019》，建立欧盟减少食品垃圾平台并准备编制食品捐赠指南，报告了垃圾能源化利用的情况，提出《关于修改〈限制在电子电器设备中使用有害物质指令〉（RoHS指令）的法案》、建立循环经济财政支持平台，等等。

按照程序，有关法案将交由欧洲议会和欧洲理事会，两者都审议通过后，才会成为正式的欧盟法案。

## 二　欧盟循环经济一揽子法案的格局

从制定主体来看，《欧盟循环经济行动计划》和欧盟循环经济一揽子法案的规格很高，由欧委会第一副主席、主管立法革新、机构间关系、法治和人权宪章的 Frans Timmermans 领衔，主管就业、经济发展、投资和竞争力的副主席 Jyrki Katainen，主管环境、海洋与渔业的委员 Karmenu Vella，以及主管欧盟市场、工业、企业和中小企业的委员 Elżbieta Bieńkowska 共同主导拟定。这保证了循环经济一揽子法案具有更广的视角和更大的格局。

循环经济最显而易见的意义在于，节约有价值的资源。2013 年欧盟产生 25 亿吨垃圾，其中 16 亿吨没有重复使用或循环再生;[1] 有 43%的生活垃圾循环再生，剩余的 31%填埋，26%焚烧，[2] 后两部分都是物料损失。在 2014 年的一揽子法案中，欧委会提出了资源效率（Resource Efficiency）的概念，即国内生产总值（GDP）/原生资源消耗（Raw Material Consumption，RMC），并且提出，2000 ~ 2011 年欧盟资源效率提高了 20%，到 2030 年还要再提高 30%。提高资源效率意味着以更少的原生资源消耗为代价，创造出更高的经济价值。虽然 2015 年 12 月的一揽子法案最终没有以资源效率作为循环经济的衡量指标，但延长资源在经济系统中的服务期，尽量闭合物料循环，以减少经济发展对原生资源消耗的依赖，已经成为欧盟循环经济的题中之义。

不仅如此，循环经济一揽子法案对于欧盟而言还是具有多重意义的重大战略决策，对环境、经济、社会都将产生全面而积极的影响。

第一，创造就业岗位。循环经济计划实施后，到 2035 年，欧盟直接增加的工作岗位将有 17 万个。

第二，温室气体减排。2015 ~ 2035 年，欧盟将减排 6 亿吨温室气体。

第三，提高绿色产业的竞争力。除了废弃物管理水平和循环再生产业产值和质量都会提高外，在生产者延伸责任制的激励下，产品设计和加工工艺也会发生重大变革，从而在世界绿色经济中继续处于引领地位。

第四，减少对原生资源进口的依赖。再生资源重新用于经济活动中，能

---

[1] http：//europa. eu/rapid/press - release_ MEMO – 14 –450_ en. htm.
[2] 《废弃物指令法案》，第 2 页。

使欧盟更少受到资源供给瓶颈的限制，更能保持经济的独立性和可持续性，从而具有更强的国际竞争力。

循环经济就是让资源，尤其是原材料不断在人类的经济活动中循环并创造价值，是与以往的"开采—制造—消费—抛弃"的经济模式相对的。欧委会于2015年12月制定的行动计划和一揽子法案，沿用并充分考虑了2008年欧盟废弃物指令（Directive 2008/98/EC on waste）的垃圾管理优先顺序（Waste Hierarchy），从产品的整个生命周期为"循环经济"赋予了更丰富的内涵[①]：①延长产品提供服务的使用寿命；②减少使用有害材料或难以循环再生的材料；③通过制定标准和政府购买，为再生资源开拓市场；④通过生态设计，设计出易于维修、升级、再制造或循环利用的产品；⑤以经济机制激励消费者减少垃圾并进行有效分类；⑥以经济机制激励分类回收体系将回收和重复使用的成本降至最低；⑦为工业生产过程中的副产品交换创造便利条件，防止其变成垃圾；⑧鼓励消费者租借而不是购买产品。

## 三　更明确、更积极的废弃物管理目标

尽管欧盟对循环经济做出了更广阔的布局，但一揽子法案的核心仍然是废弃物管理，并在这方面设定了一系列明确的目标。欧委会于2015年底提交的废弃物管理法案[②]相比上一届欧委会的有关法案[③]，在各类生活垃圾循环再生率方面的目标有所下降（见表1）。但2017年3月14日，欧洲议会在这一问题上表明了立场：基本沿用上一届欧委会更积极的循环再生率目标：到2030年，欧盟整体上循环利用包括堆肥处理的比例从2014年的44%提升到70%（而不是本届欧委会提出的65%）；包装废弃物的循环再生和重复使用率高于80%（而不是欧委会法案的75%）；填埋率低于5%（而不是欧委会法案的低于10%）。

---

① http：//europa. eu/rapid/press – release_ MEMO – 14 –450_ en. htm.

② 《废弃物指令法案》《包装废弃物指令法案》《废弃物填埋指令法案》。

③ http：//europa. eu/rapid/press – release_ MEMO – 14 –450_ en. htm.

　　这些目标将是欧洲议会下一步与欧洲理事会进行协商时采取的立场。① 但无论欧委会、欧洲议会或欧洲理事会协商的结果如何，欧盟继续在法案中设定明确的废弃物管理目标，并且这些目标就是大幅度提升生活垃圾和多种包装废弃物的循环再生和重复使用率、减少填埋比例和减少食品垃圾产生，几乎是板上钉钉之事——而这也意味着限制了混合垃圾焚烧的比例。

**表 1　各类生活垃圾循环再生率比较**

| 目标 | 2014 年法案（2030 年） | 2015 年法案（2025 年） | 2015 年法案（2030 年） |
|---|---|---|---|
| 循环再生和重复使用率:生活垃圾 | >70% | >60% | >65% |
| 循环再生和重复使用率:包装废弃物 | >80% | >65% | >75% |
| 循环再生和重复使用率:纸类 | >90%（2025 年） | >75% | >85% |
| 循环再生和重复使用率:塑料 | >60% | >55% | 未规定 |
| 循环再生和重复使用率:木材 | >80% | >60% | >75% |
| 循环再生和重复使用率:钢铁 | >90% | >75% | >85% |
| 循环再生和重复使用率:铝 | >90% | >75% | >85% |
| 循环再生和重复使用率:玻璃 | >90% | >75% | >85% |
| 填埋率 | <5% | — | <10% |
| 可回收物（Recyclable）填埋 | 禁止（2025 年） | — | — |
| 可利用物（Recoverable）填埋 | 禁止 | — | — |
| 分类垃圾填埋率 | — | — | 禁止 |
| 减少食品垃圾人均产生量（非强制） | >30%（2025 年） | — | >50% |
| 焚烧率（推论） | <30% | — | <35% |

# 四　更清晰的定义和计量方法

　　欧盟在立法过程中一向注意对概念下定义，并安排专门章节表述，以避

① 编者注：2017 年底，欧洲议会、欧盟理事会和欧盟委员会三方就循环经济立法达成一致。新立法将欧洲循环经济发展的目标定为：至 2030 年，食物垃圾应该减半，二级原料应该制定质量标准，生活垃圾循环利用率应达到 65% 以上，塑料包装废物回收利用率达 75% 以上，垃圾填埋率应控制在 10% 以内。

免对目标产生歧义，便于统计和比较。2008 年《废弃物指令》就对垃圾（Waste）、有害垃圾（Hazardous Waste）、生物质垃圾（Bio-Waste）、分类收集（Separate Collection）、预防（Prevention）、重复使用准备（Preparing for Re-use）、废物利用（Recovery）、循环再生（Recycling）、末端处置（Disposal）等 20 个概念进行了定义。① 2015 年底的《废弃物指令法案》又增加了"生活垃圾"（Municipal Waste）、"非有害垃圾"（Non-hazardous Waste）、"循环再生最终加工环节"（Final Recycling Process）等定义，并对"生物质垃圾""重复使用准备"等概念进行了修改。②

在 2008 年《废弃物指令》的定义中的"废物利用"（Recovery）和"循环再生"（Recycling）是值得辨析的两个概念。"废物利用"是指某种操作，其主要结果是垃圾通过代替其他材料来实现某种特定功能，或指某种准备，使垃圾可以实现这种功能。"循环再生"是指通过某种废物利用的操作，废弃的物料被重新加工成产品、原材料或物质，用于原来的或其他的用途；它包括厨余、餐厨、园林等有机易腐垃圾作为饲料、肥料等物质原料而被重新利用，但不包括焚烧发电、生产垃圾衍生燃料（Residue Derived Fuel，RDF）等变废为能方式。结合垃圾管理优先顺序就可以看出，循环再生属于废物利用中的一类，而且是应当优先采取的废物利用方式。生物质垃圾堆肥属于循环再生，因为是废弃物重新加工成产品——有机肥；而焚烧发电，包括生产垃圾衍生燃料等，都不属于循环再生，而只是其他废物的利用方式，因为生成的是电能而不是物质形态的产品。③

《废弃物指令法案》加入的"生活垃圾"定义并没有我国废弃物管理中所谓"废品"和"垃圾"的区别，无论是否能在市场上卖钱，只要居民家庭产生的或其他来源，但与居民家庭垃圾性质相近的混合垃圾或分类回收的垃圾，都属于"生活垃圾"。④

① 《废弃物指令》第 3 章，第 7~8 页。
② 《废弃物指令法案》第 3 章修正案，第 13 页。
③ 《废弃物指令》第 3 章第 15 条、第 17 条，第 8 页。
④ 《废弃物指令法案》第 3 章，第 13 页。

该法案定义了"重复使用准备""循环再生最终加工环节"[①]"循环再生量""重复使用量",进而给出了欧盟垃圾管理目标——"循环再生和重复使用率"的计算公式:

循环再生和重复使用率 = (循环再生和重复使用的生活垃圾重量 + 重复使用的零部件重量) / (生活垃圾产生量 + 重复使用的零部件重量) × 100%。[②]

该法案还规定,欧盟委员会应当针对重复使用准备操作者和押金返还体系,制定最低质量标准和操作要求;成员国应建立相应的质量控制和废弃物去向追溯系统。[③]

此外,由于经济增长与垃圾产生量脱钩,这是欧盟转向循环经济的重要指标,该法案还对预防垃圾产生措施效果的指标和计算方法进行规定[④]——尤其是减少食品垃圾产生,而这是 2015 年 9 月 25 日联合国大会通过的《可持续发展 2030 年议程》中的要求。

## 五 专门的目标追踪与报告的规定

《废弃物指令法案》要求成员国定期汇报其循环再生和重复使用率目标的实现情况,对预防垃圾产生的进展作报告,尤其应监测人均生活垃圾末端处置量和变废为能的垃圾量;还要求欧委会制定法规对成员国这两类报告的指标和格式进行规定,对其中的数据进行审核,并在某些成员国有可能不能完成目标的情况下进行预警。

成员国应每年提交循环再生和重复使用率目标实现情况报告,时间不应晚于报告时间段结束后 18 个月,第 1 个报告时间段是 2020 年 1 月 1 日至

---

① 《废弃物指令法案》第 3 章,第 13 页。
② 《废弃物指令法案》附件Ⅵ。
③ 《废弃物指令法案》第 11a 章,第 19~20 页。
④ 《废弃物指令法案》第 9 章,第 17~18 页。

2020 年 12 月 31 日（关于包装物则是从法案实施年份的后一个年度开始）。①预防垃圾产生的进展报告则是成员国从 2020 年起每两年提交一次。欧洲环境署（European Environment Agency）应每年报告对每个成员国和欧盟整体预防垃圾产生的工作进展。欧委会则应每 3 年提交一次报告，评估成员国数据收集的组织情况、数据来源和方法，以及数据的完整性、可靠性、及时性和一致性，并提出改进建议。② 欧委会还应与欧洲环境署一起，在成员国 2025 年、2030 年，以及垃圾管理较落后的 7 国 2035 年目标应实现前 3 年（即 2022 年、2027 年和 2032 年）编写报告，评估各国目标的实现情况，列出可能无法实现目标的成员国，并对这些成员国提出合理建议。③

此外，欧盟统计局（Eurostat）、资源效率统计中心（Resource Efficiency Scoreboard）、原生资源统计中心（Raw Materials Scoreboard）也会记录相关指标并进行分析，以追踪相关目标的完成进度。④

## 六　垃圾管理优先顺序的激励机制：对预防废弃物产生、循环再生包括堆肥的鼓励和对焚烧的限制

欧盟 2008 年《废弃物指令》就已经明确了垃圾管理优先顺序，即预防垃圾产生（Prevention）、重复使用（Preparing for Re-use）、循环再生（Recycling）、其他废物利用方式如变废为能（Other Recovery，e. g. Energy Recovery）以及末端处置（Disposal）。从上文概念辨析中可以看出，生物质堆肥属于"循环再生"；而焚烧发电属于优先级更低的"其他废物利用方式"；不发电的焚烧则只是"末端处置"。⑤

需要强调的是，欧盟的垃圾管理优先顺序不只是口号，而是通过向预防

---

① 《废弃物指令法案》第 37 章，第 23 页。
② 《废弃物指令法案》第 37 章，第 23 页。
③ 《废弃物指令法案》第 11b 章，第 20 页。
④ 《欧盟循环经济行动计划》第 7 节，第 20 页。
⑤ 《废弃物指令》第 3 章第 17 条，第 8 页。

垃圾产生、重复使用准备和循环再生投入资金支持来落实的；而对焚烧则采取负向激励。

首先，欧盟资助多类项目和平台，为优先级高的垃圾管理措施提供资金支持或融资服务。例如，凝聚力政策（Cohesion Policy）2014 ~ 2020 年将斥资 1500 亿欧元投入创新、中小企业、低碳经济和环境保护中，其中许多项目用于支持重复使用和维修、改进加工工艺、产品生态设计，帮助成员国达成循环再生目标[①]。LIFE 基金自 1992 年成立以来，已经投入 10 亿欧元支持了 670 个垃圾减量、重复使用和循环再生项目；其中 2014 ~ 2015 年向 80 多个循环经济项目投入了 1 亿欧元。"展望 2020"（Horizon 2020）工作计划将提供 6.5 亿欧元支持预防垃圾产生和垃圾管理、减少食品垃圾、再生制造、可持续加工产业、工业共生、生物经济等领域的研究与创新示范项目，打造具有竞争力的商业模式。欧洲战略投资基金（European Fund for Strategic Investments）、欧洲投资银行（European Investment Bank）和欧洲投资咨询中心（European Investment Advisory Hub）都将打造平台，帮助循环经济领域创新者吸引私人投资。[②] 到 2017 年 1 月，欧委会已经与欧洲投资银行、金融市场参与者、产业人士共同发起了一个循环经济融资促进平台，传播循环经济商业逻辑，向金融市场释放明确信号，推动投资者向循环经济项目投资。[③]

其次，循环经济一揽子法案继续要求成员国采取措施，鼓励垃圾分类和资源回收，以实现循环再生和重复使用率目标。《废弃物指令法案》规定，成员国应通过建立经济激励机制，制定采购标准和量化目标等方式，鼓励重复使用和维修网络建设；与垃圾收集点衔接，建立具有技术、环境和经济可行性，并满足循环再生企业需求的垃圾分类收集系统，推动高质量回收体系建立。[④]

再次，欧盟还积极鼓励堆肥等生物质垃圾的生化处理，将其视为实现循

---

① 《欧盟循环经济行动计划实施报告》，第 11 页。
② 《欧盟循环经济行动计划》第 3 节、第 6 节，第 10 页、第 18 ~ 19 页。
③ 《欧盟循环经济行动计划实施报告》，第 7 页。
④ 《废弃物指令法案》第 11 章修正案，第 18 页。

环再生率目标的重要方式。《废弃物指令法案》尽管没有在欧盟层面单独设定强制性目标，但进一步明确了成员国应分类回收生物质垃圾，防止其污染干净的可回收物，并按照相关环境质量标准进行堆肥和厌氧消化等方式的生化处理，鼓励使用环境安全的生物质垃圾加工而成的产品，以促进本国实现循环再生和重复使用率目标。①

最后，欧盟坚决抑制垃圾焚烧。从废弃物管理优先级上说，即使是具有发电功能的垃圾焚烧，也不算循环再生。原因是焚烧会导致有价值的物料无法回到经济活动中，并有可能造成有害的环境影响和显著的经济损失。② 因此，在欧盟范围内，塑料等可回收物要尽量避免进入焚烧厂；③ 只在有限的、经过充分论证不存在产能过剩风险，并完全遵照垃圾管理优先顺序目标的情况下，才对焚烧处理剩余垃圾的新设施提供财政支持；④《废弃物指令法案》甚至提出成员国应采取向焚烧厂收费等负向激励措施，来达到指令中的循环再生和重复使用率目标。⑤ 而 2017 年 6 月，欧洲议会环境、公共卫生与食品安全委员会进一步明确提出，从 2021 年起，成员国不得对生活垃圾焚烧提供任何财政支持。⑥ 另外，欧盟多个循环经济激励项目都把少建焚烧厂作为项目所取得的重要成果之一。⑦

## 七 欧盟循环经济一揽子法案对我国生活垃圾管理的启示

首先，最高领导层应从国家战略层面，带着格局意识去看待循环经济和垃圾管理问题。欧盟已经意识到，生活垃圾的分类和回收利用，能促进物料在经济中多次循环，减少对原生资源的依赖，降低国家对外依存度，减少外

① 《废弃物指令法案》前言第（20）条、第22章修正案，第10页、第21页。
② 《欧盟循环经济行动计划》第3节"废弃物管理"，第8页。
③ 《欧盟循环经济行动计划》第5.1节"塑料"，第13页。
④ 《欧盟循环经济行动计划》第3节"废弃物管理"，第10页。
⑤ 《废弃物指令法案》前言（7），第8页。
⑥ 《关于〈促进可再生能源使用法案〉的建议》，第7页、第25页。
⑦ 《欧盟循环经济行动计划实施报告》，第11页、第12页。

汇消耗；把资源再利用做大做强，也将提高其绿色产业在国际上的竞争力。并通过立法为循环经济转型保驾护航。对于我国而言，生活垃圾管理转向分类回收和循环再生，不但能减少焚烧等混合垃圾末端处理方式带来的巨大环境健康风险，从根本上解决邻避问题等社会风险；在成功开展垃圾分类的过程中，还能提高政府的公信力，将环保从理念变成全民参与的行动，在党和国家十分重视生态文明建设的今天，具有难以估量的正面意义。

其次，应该调整体制，解决多头管理的问题，做到部门利益服从国家利益和社会利益。部门本位是垃圾管理本末倒置、垃圾分类难以取得实效的重要因素。我国的垃圾管理目前存在"双轨制"，混合垃圾处理靠财政，由住建部门主管；废品回收再利用靠市场，回收体系由商务部门主管，再生利用企业则归工信部门主管。减少混合垃圾进入焚烧、填埋等末端处理设施的垃圾量，是垃圾分类工作的必然要求和工作目标。垃圾分类做得好，必然削弱住建部门混合垃圾处理设施的建设经费支配权和项目招投标决定权，而把部分权力让渡给分类回收和资源再生利用的管理部门。因此，由住建部门同时负责垃圾分类和混合垃圾处理设施管理，从制度设计的逻辑上说，存在严重缺陷。对此，我国可以借鉴欧盟的做法，由最高行政机构（即国务院）牵头，建立多部门参与的专门委员会，来协调包括废品回收利用在内的生活垃圾管理工作，改变各部门各行其是的现状。

再次，在清晰的定义和计量方法支撑下，制定明确的管理目标和优先顺序。建议效仿欧盟，对"生活垃圾"的范围进行统一界定，明确"生活垃圾回收利用率"等其他相关概念的定义，并且专门制定合理、可操作的统计方法；明确垃圾分类的管理目标为减少需要混合处理的垃圾量；明确生活垃圾管理的优先顺序为：预防垃圾产生、重复使用、循环再生（包括易腐垃圾的生化处理）、其他废物利用方式（包括焚烧发电）以及末端处置；明确有机易腐垃圾分类和生化处理为生活垃圾管理的优先选项；垃圾焚烧由于存在自身难以避免的种种弊端，应当从提倡改为严格限制。

最后，严格遵照垃圾管理优先顺序建立激励机制，安排资源。欧盟的垃圾管理优先顺序不是口号，而是由财政支持和激励机制保障的。建议我国建

立多方面的激励机制。第一，为预防垃圾产生、建立重复使用和维修体系（如可重复使用的快递包装和外卖餐具方案）、产品生态设计提供资金支持和融资渠道，通过改变制度设计，将循环经济植入投资者的投资理念和创业者的商业模式中。第二，通过收费和惩罚相结合的方式促进垃圾产生源头的个人和单位进行干湿分类，具体说就是：混合垃圾按量收费，分类垃圾不收费或按量补贴，随意倾倒混合垃圾重罚。不分类就不收运，也是促进干湿分类的一种激励机制。第三，结合上述激励制度，加大对垃圾分类宣传动员的人力、经费投入，并在宣传过后立即配套分类收集和运输。第四，可回收物一旦进入分类循环再生体系，混合垃圾收运处理量必然相应减少。应当肯定再生资源回收利用是社会公共事业，回收站点、分拣中心是市政基础设施，为其提供规划依据城市黄线保护、免费划拨用地，对其建设和运行提供财政补贴。第五，由于混合垃圾焚烧依靠塑料等石油产品提供热值，应取消不合理的补贴如"生物质可再生能源补贴"，乃至一切财政补贴。第六，此外，为了促进再生资源的回收利用，还应该提高使用原生资源的代价，即缴纳更高的资源税，并向各类一次性用品征收环境保护税。

## 参考文献

http：//europa. eu/rapid/press - release_ MEMO - 14 - 450_ en. htm.

Proposal for amending Directive 2008/98/EC on waste.

Proposal for amending Directive 94/62/EC on packaging and packaging waste.

Proposal for amending Directive 1999/31/EC on the landfill of waste.

Directive 2008/98/EC on waste.

Annex to the Proposal for amending Directive 2008/98/EC on waste.

Closing the loop-An EU action plan for the Circular Economy.

Report on the implementation of the Circular Economy Action Plan.

Draft opinion on the proposal for a directive on the promotion of the use of energy from renewable sources（recast）.

# 治 理 篇

**Improvements**

## G.6
# 我国生活垃圾填埋的现状、挑战与机遇

摘　要： 填埋场是全球最主要、最基础的垃圾处理基础设施。本文阐
述了我国生活垃圾填埋场面临的库容资源不足的现状，结合
我国垃圾填埋处置最新的政策和规划，分析了原生垃圾零填
埋、垃圾填埋场存量垃圾开采与修复等填埋库容"开源节
流"措施及其相关问题，提出我国生活垃圾可持续填埋的对
策建议。

关键词： 生活垃圾　填埋　零填埋　填埋场开采　现状

* 周传斌，博士，中国科学院生态环境研究中心副研究员，硕士生导师，中国生态学学会生态
健康与人类生态专业委员会秘书长，研究方向主要是垃圾综合管理、有机垃圾资源化、老垃
圾填埋场生态修复。

# 一　引言

生活垃圾填埋场是人类历史上出现最早，也是一直沿用至今的城市环境基础设施，在消纳人类产生的废弃物方面具有重要的作用。据记载，位于意大利罗马的 Monte Testaccio 填埋场可能始建于公元 50 年，按此推算人类使用垃圾填埋场处置垃圾已有近 2000 年的历史。① 填埋仍然是目前各个国家最主要的生活垃圾处理处置方式。2012 年，世界银行发布的报告显示，全球生活垃圾填埋（Landfill）和堆置（Dump）的比例约为 62%。② 2014 年，我国各地级市共有城市生活垃圾卫生填埋场 604 座，生活垃圾年填埋处置量 1.07 亿吨。改革开放以来，我国生活垃圾填埋处理的技术水平在不断进步。20 世纪 80 年代，我国的生活垃圾处理设施建设刚刚起步，当时的生活垃圾填埋场基本是非卫生填埋场。1990 年，杭州天子岭垃圾填埋场建成，成为我国首座生活垃圾卫生填埋场。经过十几年的垃圾无害化处理处置设施建设，我国生活垃圾的简易处置率（未达到卫生填埋标准）从 2001 年的 43% 下降至 2014 年的 8%。③

现代化的垃圾卫生填埋场做了很多技术改进，以降低填埋带来的环境影响和生态风险，例如防渗土工膜、填埋气收集和利用、渗滤液导排和处理、封场生态修复等。然而，由于城市生活垃圾成分复杂，即使垃圾填埋场的技术标准要求不断提高，填埋场仍不可避免地产生温室气体和恶臭排放、地下水污染、蚊蝇孳生、土地占用、破坏景观等二次污染问题。全球气候变化政府间合作组织（IPCC）的年度报告显示，填埋场是全球最主要的温室气体排放源之一，年排放量可能高达 14.46 亿吨。④ 基于点源 GIS（地理信息系统）和微博大数据的研究表明，我国垃圾填埋场恶臭的影响人口可能达到

---

① https：//placesjournal. org/article/the－trash－heap－of－history.

② What a waste.

③ 《中国城市建设统计年鉴（1980～2015 年）》。

④ IPCC（2015）. Climate change 2014：mitigation of climate change. Cambridge University Press.

1227 万，其中敏感人群达到 264 万人。① 2016 年，《"十三五"全国城镇生活垃圾无害化处理设施建设规划》中提出探索原生垃圾"零填埋"，要求具备条件的直辖市、计划单列市和省会城市（建成区）在 2020 年年底实现原生垃圾"零填埋"。生活垃圾填埋场似乎成了社会公认的低端垃圾处理技术和设施，不少城市都提出要告别"垃圾填埋"。本文将分析我国目前生活垃圾填埋的现状和挑战，结合 2016 年发生的填埋场环境污染事件和垃圾填埋政策，分析我国未来垃圾填埋的机遇与走向。

## 二　我国生活垃圾填埋场库容告急

我国城市生活垃圾清运量增长仍然较快。1980～2014 年，我国生活垃圾清运量增长了近 7 倍，达到 1.79 亿吨/年。近年来，我国正在大力推进农村人居环境治理，在江苏、浙江等经济发达省份，农村生活垃圾清洁治理工作已基本做到全覆盖。2015 年，住建部等十部门联合发布了《全面推进农村垃圾治理的指导意见》；2017 年起，我国将推进农村垃圾分类和资源化利用"百县示范"。这些新政策对我国农村生活垃圾治理工作提出了更高的要求。研究表明，我国农村生活垃圾人均产生量已经接近城市水平，达到 0.76 千克/人·日②，按此数据估算，我国农村生活垃圾产生量为 1.66 亿吨。需要指出的是，农村生活垃圾不仅包括每年的增量（年产生量），还包括存量，即堆放在田间地头或简易填埋的垃圾。我国农村缺乏生活垃圾处理设施，目前农村收集的生活垃圾往往通过"村收集、镇转运、县市处理"体系，集中到城市生活垃圾填埋场处置。这些垃圾填埋场在设计之初往往并没有考虑周边乡镇的垃圾处置需求，因此我国的垃圾填埋场大多无法"按期服役"，往往会提前数年填满封场。

---

① 蔡博峰、王金南、龙瀛、李栋、王江浩：《中国垃圾填埋场恶臭影响人口和人群活动研究》，《环境工程》，2016 年第 2 期，第 5～9 页。

② 岳波、张志彬、孙英杰、李海玲：《我国农村生活垃圾的产生特征研究》，《环境科学与技术》2014 年第 6 期。

　　虽然目前尚未有关于我国垃圾填埋剩余库容的公开发布数据，但从填埋场建成时间、平均设计使用年限等数据分析可以发现，我国未来十年将面临填埋库容资源不足的难题。据统计，2013 年我国共有各级垃圾填埋场 1549 座，其中近 48% 的填埋场建成于"十一五"时期（2006～2010 年），仅有约 30% 在 2011 年之后建成投入运行。[①] 垃圾填埋场的平均使用年限按 15 年计算，至 2025 年我国目前正在运行的垃圾填埋场有约 70% 将会填满封场。同时，我国垃圾填埋场的建设速度变缓，"十二五"与"十一五"时期相比，垃圾填埋场数量年均增长率由 7.3% 降低为 5.2%，垃圾卫生填埋处理能力年均增长率由 7.3% 降低为 3.8%[②]。另外，我国大多数城市的生活垃圾填埋场选址非常困难。首先，"邻避效应"（Not on Backyard）已经成为我国垃圾处理设施选址的突出问题。2016 年以来，江西赣州、浙江富阳等地先后爆发了因为垃圾填埋场选址引发的公众事件。2016 年 12 月，发生在浙江海宁的"长江口倾倒垃圾案"震惊全国。[③] 该事件是 2016 年我国生活垃圾处理的标志性事件，也是我国很多地区生活垃圾填埋处置相关问题的缩影。笔者曾于 2015 年到海宁调研，海宁市"美丽乡村"建设清理、清运的生活垃圾使用了大量的填埋库容，原垃圾填埋场提前多年填满封场。然而，由于政府和公众无法对新的垃圾处置场选址达成一致意见，迟迟无法选址建设新的垃圾处理设施。

　　尽管技术在不断进步，但仍然无法对生活垃圾进行彻底的资源化利用。垃圾焚烧会产生灰渣、垃圾堆肥会分选出不能利用的石块、玻璃等组分，其他垃圾资源化技术或多或少都会产生残渣。填埋场作为一种集成了多种现代技术的垃圾处置方式，在未来仍将长期存在，填埋库容甚至可以看成一种稀缺的城市资源。如何延长填埋库容的使用年限、拓展新的填埋库容成为关键的议题。以下就会重点讨论"垃圾零填埋"（Zero Waste to Landfill）（延年限）、"填埋场采矿"（Landfill Mining）两个主要思路，并分析其相关的问题。

---

① 袁文祥、陈善平、邵俊、程炬、宋立杰：《我国垃圾填埋场现状、问题及发展对策》，《环境卫生工程》2016 年第 5 期。

② 《中国城市建设统计年鉴（2006～2015 年）》。

③ http://news.cctv.com/2017/02/16/ARTI2tp2dqA7FTBC4Gkiz4CR170216.shtml.

## 三 原生垃圾"零填埋"新政

既然说生活垃圾零填埋是一个遥不可及的梦想，那为什么《"十三五"全国城镇生活垃圾无害化处理设施建设规划》里会提出零填埋的要求呢？其实，规划里限制的不是填埋，而是原生垃圾直接填埋。原生垃圾零填埋并不是一个新鲜事物，早在 2004 年欧盟就通过了一个原生垃圾零填埋法案（Zero Waste to Landfill）。该法案提出，欧盟的主要国家不能对生活垃圾直接进行填埋处置，而需要在填埋前对能源或者材料进行回收，该法案也被称为填埋禁令（Landfill Ban）。同欧盟的填埋禁令类似，我国的垃圾"十三五"规划中也要求"具备条件的直辖市、计划单列市和省会城市（建成区）在2020 年底实现原生垃圾零填埋"。无论是欧盟还是中国，提出原生垃圾零填埋的初衷都是垃圾减量化、资源化，降低城市生活垃圾最终处置设施的负担。那么在实际操作层面，实现"原生垃圾零填埋"目标是否可以真实反映城市生活垃圾管理的水平？

可以说，生活垃圾零填埋政策是采用末端约束的方法，倒逼城市采用多元化的分类利用技术，做到生活垃圾"物尽其用"。从实现原生垃圾零填埋目标的措施看，欧盟国家的做法主要有以下几种：一是优先采用垃圾能源化技术，如垃圾焚烧、热裂解等；二是采用好氧堆肥、厌氧发酵等技术减少有机垃圾的填埋量；三是推进机械-生物预处理技术（Mechanical Biological Treatment，MBT）。欧盟的填埋禁令实施十多年来，目前取得的成效如何呢？2015 年底，欧盟零废弃项目组发表了一篇反思填埋禁令的文章。该文章结合欧盟执行该禁令的国家数据，得出以下结论：第一，原生垃圾填埋禁令促进了垃圾焚烧项目的发展，产生了一种锁定效应（Lock-In）；第二，原生垃圾填埋禁令无益于城市垃圾减量。[①] 也就是说，在实际执行阶段，以垃圾焚烧厂取代填埋场

---

① Zero Waste Europe. 2015. Zero waste to landfill and/or landfill bans: false paths to a circular economy.

成为最简单、最迅速地实现"原生垃圾零填埋"目标的做法。

按照《"十三五"全国城镇生活垃圾无害化处理设施建设规划》的提法,"原生垃圾零填埋"仅是在"具备条件"的地区实行。"零填埋"确实不宜作为需要强制执行的目标在所有城市推行。第一,生活垃圾的处理处置必须考虑其经济成本和社会成本。填埋处置是目前的无害化处理技术中投资和运行费用最低、对处理垃圾的适用性最广的。填埋场选址在土地稀缺、低价昂贵的城市可能是个难题,可在人烟稀少、地质(黏土层较厚)和地貌(丘陵、沟壑)条件较好的地方,垃圾填埋可能是非常适宜的技术路线。第二,新增垃圾填埋之前的处理设施(焚烧、堆肥、分选回收),在垃圾处理规模较低、运输距离过远、再生资源价格较低的地区其"成本 – 效益"可能并不合理,而且为地方财政新增负担。第三,规划中提到实施"原生垃圾零填埋"的城市(直辖市、计划单列市、省会城市),都是"十三五"重点发展垃圾焚烧设施的城市。在"零填埋"目标控制下,各地很容易就会将"焚烧率"同"零填埋"挂钩,"零填埋"很有可能变成了"百分百焚烧"的代名词。实际上,目前深圳等地的宣传中已经采用"告别填埋时代"的字眼宣传全面普及焚烧设施。

## 四 老垃圾填埋场开采与修复治理

近年来,由于我国城市规模的不断扩大,原城区边缘的旧垃圾填埋场已经处于城市建成区甚至是核心区以内,老垃圾填埋场及其存量垃圾治理成为城市发展中遇到的新问题。这些老垃圾填埋场不仅严重影响城市的市容市貌、浪费土地资源、降低周边土地资源价值,也对人口高度聚集的城市空气质量和地下水资源构成严重威胁。据初步匡算,我国的老垃圾填埋场中的存量垃圾共 60 亿立方米,总占地面积约 5 万公顷。①

---

① Krook J., Svensson N., Eklund M. 2012. Landfill mining: a critical review of two decades of research. Waste Management, 32(3): 513 – 520.

　　城市老垃圾填埋场治理成为我国生活垃圾处理领域重点关注的问题。
2011 年，国务院批转《关于进一步加强城市生活垃圾处理工作意见的通
知》，明确指出要开展非正规垃圾堆放场所存量垃圾的生态修复工作，制
定治理计划并限期进行清理与改造。我国"十二五"时期垃圾无害化处
理设施规划中，将存量垃圾治理列为专项工程之一，拟投入资金将达到
211 亿元，实施存量治理项目 1882 个，占生活垃圾处理行业总投入的
8%。[①]"十二五"期间，我国完成了一些具有代表性的存量垃圾治理工
程，如 2015 年武汉园博园的选址就位于金口垃圾填埋场，通过快速稳定
化、局部清挖后建设临时、永久会场和公园绿地。老旧垃圾填埋场的修复
治理技术主要有堆体污染控制、好氧快速稳定、垃圾开采利用、景观植被
绿化等，各项技术各有优缺点。本节将讨论老垃圾填埋场开采利用与填埋
库容利用的问题。

　　填埋场采矿的理念虽然在 2010 年左右才被学界提出[②]，但是 1953 年在
以色列就开展了相关的工程实践。20 世纪 90 年代，我国上海老港、美国佛
罗里达州等地也开展了垃圾填埋场开采和资源化利用的探索。欧盟提出了加
强型垃圾填埋场采矿（Enhanced Landfill Mining）的概念，提出要对存量垃
圾进行能源化、资源化利用，进而回收利用填埋空间或填埋土地。[③] 对老垃
圾填埋场存量垃圾特性的分析表明，我国典型老填埋场腐殖土是存量垃圾的
主要组分（70%以上），其次是石块（10%）和塑料（10%），可回收垃圾
的组分很低。[④] 其中，腐殖土中的有毒有害成分有限，可以作为土壤改良剂
或花卉苗木基质土使用；石块可以作为道路、建筑建设的基础材料；废塑料

---

① 《"十二五"全国城镇生活垃圾无害化处理设施建设规划》。

② Krook J. 2010. Urban and landfill mining: emerging global perspectives and approaches. Journal of
　　Cleaner Production, 18 (16 – 17): 1772 – 1773.

③ Krook J. 2010. Urban and landfill mining: emerging global perspectives and approaches. Journal of
　　Cleaner Production, 18 (16 – 17): 1772 – 1773.

④ Chuanbin Zhou, Wenjun Fang, Wanying Xu, Aixin Cao, Rusong Wang. 2014. Characteristics and
　　the recovery potential of plastic wastes obtained from landfill mining. Journal of Cleaner Production,
　　80 (1): 80 – 86.

虽然作为材料回收的潜力有限，但具有较高的能源化利用价值。填埋场采矿的成本－效益分析显示，影响此类项目最关键的效益是复垦后的土地、回收填埋空间价值和腐殖土销售的价值。①

在我国垃圾填埋场选址日益困难的今天，填埋场开采和存量垃圾治理工程具有非常重要的意义。填埋场开采不仅可以回收利用腐殖土、石块、塑料等资源，更可以回收非常宝贵的填埋空间。首先，按存量垃圾成分调查的结果，有90%的填埋库容可以得到再利用。这些填埋场往往都有配建的渗滤液、填埋气处理设施，且原有选址都会考虑底层防渗的地质要求。如果作为新的填埋场使用可以大大节省勘查和设施建设成本。其次，新的技术装备和新的市场需求为填埋场开采创造了条件。近年来，垃圾机械分选技术装备已日趋成熟，花卉苗木种植面积逐年扩大，对基质土的需求量也越来越大。因此，只要全生命周期的费用－效益合理，填埋场开采和填埋库容再生就可以作为可选的技术路线之一。

同时也应该看到，"十二五"时期的老垃圾填埋场修复治理任务实际并没有全面完成，这里面既有技术、成本原因，也有管理、投融资模式的原因。第一，管理"多窗口"，修复治理的责任主体不清晰。垃圾填埋场的业务主管部门一般是环卫部门，但是土地所有权可能是当地政府（乡镇）、企业等其他主体。垃圾填埋场修复项目又涉及环保、国土等多部门管理，修复治理工程往往面临无人愿意牵头的问题。第二，投融资模式尚未成熟，企业不敢盲目投资。目前填埋场修复治理后的复垦土地收益、修复治理费标准、资源化产品的销售价格和后续处理成本等经济核算都缺乏相关依据。第三，配套技术有待突破，修复治理过程中的安全生产（如甲烷气爆燃）、开采过程的恶臭污染控制、塑料袋处理与利用、腐殖土重金属稳定化等技术还有待进一步的突破，填埋场开采修复还缺乏统一的技术标准。

---

① Chuanbin Zhou, Zhe Gong, Junsong Hu, Aixin Cao, Hanwen Liang. 2014. A Cost-Benefit Analysis of Landfill Mining and Material Cycling in China. Waste Management，35：191－198.

# 五　结语

　　填埋场是我国垃圾处理最基础的设施，然而我国的垃圾填埋库容告急、形势严峻。建议将垃圾填埋库容作为城市发展的战略资源，开展调查评估，建立"人均可用填埋库容资源""填埋库容可使用年限"（类似国家原油储备指标）等优化利用填埋空间的考核指标。根据城乡生活垃圾、垃圾焚烧灰渣的处置需求，划定"可用填埋库容"存量红线，优先保护潜在的可用填埋库容资源，并及时修订周边地区的城乡发展规划。对于填埋库容存量严重不足的城市，应及时预警，并因地制宜地采用填埋库容"开源节流"对策。"节流"是通过垃圾分类、回收、堆肥、焚烧实实在在地减少最终填埋的垃圾量；"开源"是填埋场采矿、腐殖垃圾资源化、能源化利用，清腾填埋库容，最终保障城市垃圾处置安全，实现垃圾填埋的可持续管理。

# G.7
# 生活垃圾焚烧厂的信息公开及运行监管

张静宁　丁　洁*

摘　要：　2017年，各地生活垃圾焚烧项目依然如火如荼地建设。根据"十三五"全国城镇生活垃圾无害化处理设施建设规划，到2020年，城市生活垃圾份额的一半都将会进行焚烧处理。垃圾焚烧已经成为垃圾处理最主要的方式。然而在垃圾焚烧厂的运行和监管中，污染物排放及其信息公开还存在诸多问题：大多数生活垃圾焚烧厂没有公开排污信息且都处于"黑箱"状态；垃圾焚烧厂的污染物排放中，重金属和二噁英检测依然存在漏洞；垃圾焚烧厂产生的危险废弃物飞灰处置情况存在诸多问题，飞灰管理依然没有明确的法律法规要求。

关键词：　生活垃圾焚烧　信息公开　飞灰管理　运行监管

## 一　垃圾焚烧厂环境违规频发，环境监管漏洞百出

垃圾焚烧已经成为我国目前垃圾处理最主要的方式，越来越多的垃圾焚烧厂已经建成或正在修建或规划建设。但是，对已建成并投入运行的垃圾焚烧厂的调研却发现，垃圾焚烧厂环境违规频频发生，很难做到达标排放，污

---

\* 张静宁，芜湖市生态环境保护志愿者协会固废项目负责人；丁洁，芜湖市生态环境保护志愿者协会秘书长。

染物排放信息公开亦没有做到位。

2016 年 5 月，浙江省绍兴市环保局对绍兴中环再生能源发展有限公司篡改、删除自动监测数据和大气污染物超标排放的违法行为处以 93 万元罚款，两名责任人被移送公安机关行政拘留。①

2016 年 6 月，吉林省开展医疗废水废物、生活垃圾处理专项整治工作。芜湖生态中心通过信息公开申请的回复获悉，吉林全部已运行的 6 个垃圾焚烧项目中有 4 个存在环境违规行为，均涉及飞灰处置的问题。2016 年 11 月，吉林省环保厅对于四平中科能源环保有限公司垃圾渗滤液外运处置、未回喷至焚烧炉处理、焚烧飞灰长期在厂区内堆存等问题挂牌督办。②

2016 年 9 月，芜湖生态中心在调研安徽生活垃圾焚烧飞灰处置情况时，竟发现一起水泥罐车从垃圾焚烧厂运输疑似飞灰随意倾倒事件，第三方检测发现重金属镉达到 0.884mg/L，对照《生活垃圾填埋场污染控制标准》中的关于飞灰固化填埋的标准，超标近 6 倍。

2016 年 11 月，黑龙江省开展全省垃圾焚烧发电行业专项检查，结果所有已经投入生产或试生产的垃圾焚烧企业（共 4 家）均被查出问题。黑龙江新世纪能源有限公司、哈尔滨市双琦环保资源利用有限公司、绥化市绿能新能源有限公司、伊春中科环保电力有限公司 4 家企业存在污染物超标排放、固化飞灰处置不当、烟气污染物自动监控系统运行管理不规范等问题。③

垃圾焚烧厂环境违规现象可谓层出不穷，垃圾焚烧厂达标运行是一个需要政府重点关注并解决的问题。

国务院已正式印发的《"十三五"生态环境保护规划》提出，到 2020年，垃圾焚烧处理率达到 40%。2016 年 10 月，住房和城乡建设部、国家发展改革委、国土资源部和环境保护部联合发布的《关于进一步加强城市生

① 《环境保护部表扬浙江绍兴环保局严打数据弄虚作假》，环境保护部官网，2016 年 7 月 18日。
② 《关于对四平中科能源环保有限公司环境违法案件挂牌督办的通知》，吉林省环保厅官网，2016 年 11 月 29 日。
③ 刁凡超：《黑龙江垃圾焚烧专项检查：所有投产或试生产企业均被查出问题》，澎湃新闻网，2016 年 11 月 29 日。

活垃圾焚烧处理工作的意见》明确了"十三五"工作目标：将垃圾焚烧处理设施建设作为维护公共安全、推进生态文明建设、提高政府治理能力和加强城市规划建设管理工作的重点，到2020年底，全国设市城市垃圾焚烧处理能力占总处理能力的50%以上。

不难看出，目前我国依旧在大力提倡使用焚烧的方式解决垃圾问题，对于垃圾问题的解决思维依然停留在垃圾处理而不是垃圾管理，过于重视垃圾焚烧而忽视垃圾分类。但焚烧厂的信息公开和达标运行作为最基础的环境表现，却未能得到特别重视。

2016年7月，芜湖生态中心在经过一年多信息公开及污染物数据分析工作的基础上，发布了《231座生活垃圾焚烧厂信息公开与污染物排放报告》（以下简称"报告"）。报告指出，虽然按照我国的法律法规要求，所有生活垃圾焚烧厂都应该被列入国家重点监控企业和各地市的重点排污单位，要做到信息公开，但实际上全国已运行的231座焚烧厂（数据统计截至2016年6月）还有126座未依法进行信息公开。

达标运行是对一个企业运行的基本要求，《生活垃圾焚烧污染控制标准》（GB 18485 – 2014）（以下简称"新标准"）规定，焚烧炉每年启动、停炉过程排放污染物的持续时间以及发生故障或事故排放污染物持续时间累计不应超过60小时。而在报告中可以看出，2016年垃圾焚烧厂超标严重，对31座焚烧厂第一季度自动监测数据均值的分析结果显示，累计超标达到4682次。可以看出，目前的焚烧厂对于达标排放这一基础要求也很难满足。

除了超标排放及没有依法进行信息公开以外，"低价焚烧"的竞争也是愈演愈烈。目前来看，低价竞标已经逐步成为垃圾焚烧行业的普遍现象。

## 二 已公开信息的焚烧厂线上表现逐步完善，但未公开信息的焚烧厂仍占大多数

2016年1月1日，《生活垃圾焚烧污染控制标准》（GB 18485 – 2014）全面实施，全国所有已运行的垃圾焚烧厂必须执行新标准。鉴于此，芜湖生

态中心开展了针对垃圾焚烧厂在各省市国控企业信息平台上的信息公开和自动监测数据达标情况的观察分析。从 2016 年的三次分析结果可以看出，已公开信息的焚烧厂线上表现逐步趋于规范完善。2016 年 12 月的观察分析结果和 2016 年 5 月的对比发现，未修改新标准的焚烧厂数量从 34 座降到 5 座，数据未及时更新的数量从 40 座降到 27 座，没有年度监测报告的数量从 35 座降到 16 座。超标情况由于核查方式不同，从抽取的浙江省及其附近省市 31 座焚烧厂一个季度有 4682 次超标到 12 月全国范围内只有 26 座焚烧厂一个月 1119 次超标情况看，垃圾处理也略有进步。

但是相对于已公开信息的焚烧厂来说，未公开信息的焚烧厂依然占到大多数。对于公众来说，垃圾焚烧厂的污染物排放还是一个"黑箱"，公众无从了解其真实情况。

二噁英作为公众最为关注的垃圾焚烧厂产生的污染物，其排放数据并没有做到信息公开。根据《生活垃圾焚烧污染控制标准》的要求，垃圾焚烧厂要一年检测一次烟气中的二噁英排放。这个要求并不高。一年一次的自行监测数据并不足以准确地呈现垃圾焚烧厂全年的二噁英排放情况，但即使是这样，相关数据也并没有做到完全公开。2016 年，江苏阳澄湖大闸蟹被香港食物环境卫生署食物安全中心检测出二噁英超标，让人不免联想起阳澄湖周边众多的垃圾焚烧厂。随后，芜湖生态中心发现，江苏的垃圾焚烧厂在江苏省国控企业信息平台上只有几家公布了二噁英检测数据。芜湖生态中心曾向 33 个市/区环保局申请 64 座垃圾焚烧厂 2015 年二噁英检测数据，仅仅获得 6 座焚烧厂的 9 组数据。

此外，根据《生活垃圾焚烧污染控制标准》的规定，垃圾焚烧厂的烟气自动监测应该包括氮氧化物、二氧化硫、一氧化碳、氯化氢和烟尘。根据芜湖生态中心在 2016 年 12 月的调查发现，在 72 座公布了自动监测数据的焚烧厂中实际只有 18 座在各省市国控企业信息平台上主动公开了上述 5 项检测数据，剩余的焚烧厂仅公布氮氧化物、二氧化硫和烟尘 3 项。

信息不公开、公众参与渠道不畅是垃圾焚烧厂"邻避事件"的重要原因，信息不公开让周边居民难以对焚烧厂的运行情况进行监督。而全国已运

行的垃圾焚烧厂在各省市国控企业信息平台上公开信息的不到一半,这也印证了公众对垃圾焚烧厂运行情况的担忧不无道理。按照新标准的要求,垃圾焚烧厂基本都已经在厂区门口设置了"电子显示屏"公开污染物排放数据,但实际观察就会发现,依然存在一些显示屏没有正常显示、数据恒定不动等情况,例如,安徽宣城市垃圾焚烧厂门口显示屏污染物数据显示的只有污染物限值,没有自动检测数据。

## 三 环保部门对于垃圾焚烧厂的监管乏力,尤其是对飞灰的处置

环保部门对垃圾焚烧厂的监督职责主要包括:项目审批、日常监督、危废管理(主要是飞灰)等。

但实际上,环保部门对垃圾焚烧厂的监管力度是非常薄弱的。比如在项目审批环节,生活垃圾发电厂作为一个地方的基础设施,通常由政府投资或以 BOT 形式建设,在很多地方会被划为市政府重点工程,所以各项政府审批"一路绿灯",存在"未批先建"等现象。比如,六安金寨县金寨海创环境有限公司 2014 年 12 月综合办公楼封顶,但其环评直到 2015 年 2 月才获得审批通过。

在日常监督环节也存在权责不明、互相推诿的现象。生活垃圾焚烧厂的主管单位是住建部门,而垃圾焚烧厂又属于污染物集中处置的企业,环保部门需要对其污染物排放情况实施监督,这是很明确的事实。可是在芜湖生态中心向环保部门申请的焚烧厂污染物排放情况的信息回复中,依然存在部分基层环保部门答复说,垃圾焚烧厂属于住建部门管辖,本部门不掌握信息(例如:南京市环保局信息公开答复称飞灰实际产量及去处、飞灰转移联单,根据管理权限,我局没有相关信息,建议向南京市城管局咨询)。

对于危险废弃物飞灰的管理更是一团混乱。生活垃圾焚烧厂会产生大量的炉渣和飞灰。通过芜湖生态中心实地调研访谈得知,生活垃圾焚烧产生的炉渣一般会被卖到建材厂综合利用。一些焚烧厂会将大部分的飞灰按照一般

废弃物综合利用，这对于环境和人体都是非常严重的污染源。垃圾焚烧飞灰是烟气净化系统的过道和末端收集到的粉尘，因为含有重金属和二噁英，所以被列入危险废物。新标准中对于"焚烧飞灰"的定义为"烟气净化系统捕集物和烟道及烟囱底部沉降的底灰"。2016 年 8 月 1 日，《国家危险废物名录》（2016 年版）（以下简称《名录》）开始实施，危险废物管理分为"收集、运输、利用、处置"，《名录》将生活垃圾焚烧飞灰进行了过程性豁免，豁免环节仅是"处置"，符合标准的飞灰，生活垃圾填埋场填埋或水泥窑协同处理过程不需要按照危险废物管理。名录编写者之一，中国环境科学研究院固体废物污染控制技术研究所首席研究员、所长王琪，曾公开解释了何为"豁免"：豁免清单仅豁免了危险废物特定环节的部分管理要求，并没有豁免其危险废物的属性和危险废物管理的其他程序。以飞灰为例，此前垃圾填埋场接收飞灰填埋时须具备危废处理处置相关许可证，《名录》实施之后，生活垃圾填埋场不再需要申请经营许可证就可以接受飞灰填埋。[①]

但在实际操作中，一些企业和环保部门对于飞灰豁免进行了其他解释，如芜湖市环保局信息公开答复中称，"在相关文件的要求下，接受飞灰进行分区填埋的生活垃圾填埋场不需要申请领取危险废物经营许可证，因此无须转移联单，故没有 2016 年第一季度和第二季度的芜湖绿洲环保能源有限公司的飞灰转移联单"。常州市环保局答复，"常州绿色动力环保热电有限公司产生飞灰经过固化处理，满足《生活垃圾填埋场污染控制标准》后送填埋场填埋，因此其产生飞灰不作为危险废物管理，不执行危险废物转移联单制度"。还有一些环保局回复没有飞灰转移五联单信息，如连云港环保局回复称，"我局无连云港晨兴环保产业有限公司 2016 年第一季度和第二季度飞灰转移五联单信息"。

目前，我国关于飞灰的管理并没有明确的法律要求，根据信息公开和调研可以知道，全国范围内，目前大多数垃圾焚烧厂的飞灰都是固化后进入填埋场进行填埋处置的。按照《生活垃圾填埋场污染控制标准》，只要二噁

---

① 中国经济网报道。

英、重金属和含水率符合标准就可以进入生活垃圾填埋场填埋，没有明确要求每个批次都需要检测，也没有明确规定检测次数，不免存在管理上的漏洞。虽然在《生活垃圾填埋场污染物控制标准》中有明确规定，固化达标的飞灰要进行分区填埋，但实际调研发现诸多垃圾填埋场并没有做好分区，没有做好防护措施。2016 年 3 月，芜湖生态中心对于江苏省焚烧厂飞灰处置情况进行了调研，对随机选择填埋场取到的 5 个飞灰样品进行含水率和 12 项重金属浸出毒性检测，发现有 4 个存在超标问题。

## 四　垃圾焚烧厂信息公开及监管发展的方向和期待

垃圾焚烧项目极容易产生"邻避事件"，这就更需要企业有开放的心态，实实在在做好信息公开。

随着社会的发展和经济的进步，企业排污信息的公开是无法避免的趋势。从 2017 年开始，在光大国际企业官网可以看到光大运营的垃圾焚烧项目的大气污染物排放情况，这是很好的一个开端，可还是有局限性，比如：无法查看历史数据、看不到飞灰的检测报告等。建议企业可以更加完整地公开企业排污信息，不仅在自身的企业官网发布数据，同时应该主动和属地环保部门沟通，在各省市的国控企业自行监测信息平台上公开信息。在信息逐步公开的过程中，提高数据的准确性。随着公民素质和环保意识的增强，企业的环境表现会和企业形象有着更高的关联性，提升企业形象的第一步必然是充分的信息公开，坦然面对公众质疑，用数据说话。

政府部门对企业的监管需要有明确的法律法规依据。建议环保部加快出台专门针对飞灰处置和监督的细则要求，明确企业自行监测的频次和环保部门监督性监测的频次和方法，以严格的法律体系确保飞灰的规范化处置。

《生活垃圾焚烧污染控制标准》是 2016 年全面实施的新标准，虽然相对旧标准有了相当多的提升，但依然存在一些基层环保部门无法作为执法依据的情况，比如：非正常工况下的运行时间。建议环保部出台关于新标准的执法细则，为基层环保部门针对垃圾焚烧厂的监管提供依据。

　　根据芜湖生态中心截至 2017 年 3 月的统计，全国已运行的垃圾焚烧厂有 258 座，在建设的垃圾焚烧厂 140 座，加上国家大力倡导垃圾焚烧，能源结构调整也会促成很多煤电资本转投到垃圾焚烧行业，垃圾焚烧企业"攻城略地"趋势明显，可以预见未来 5～10 年焚烧还是生活垃圾处理的主要方式。政府和社会资本合作的模式已经成为垃圾焚烧行业的主导模式，以后必然会更加普遍。企业运营具有节约资本、高效率等特点，但也会存在一味追求经济效益，不顾法律和环境的情况，这就要求政府部门强化对垃圾焚烧企业的监督和管理。

# G.8
# 焚烧风险、邻避运动与垃圾治理：
# 社会维度的系统思考

谭 爽[*]

摘 要： 2016 年，全国各地反垃圾焚烧厂的邻避运动依旧此起彼伏。
其产生根源与当前焚烧风险传播的"技术模式"密切相关，
其后续效应则为垃圾"多元共治模式"建构提供了动力。故
从系统视角来看，垃圾污染、焚烧风险、邻避运动共同组成
一条彼此嵌入的"垃圾危机链"，其化解需要立足社会维度，
识别三者间关联，逐个击破：首先，焚烧风险传播，应由
"技术模式"向"民主模式"转型；其次，邻避运动治理，
应由"负功能防控"向"正功能发挥"转型；再次，垃圾污
染缓解，应由"单中心管理"向"多中心治理"转型。三者
协力，最终实现从技术面向的"垃圾处理"、权力面向的
"垃圾管理"转变为社会面向的"垃圾治理"。

关键词： 焚烧风险 邻避运动 垃圾治理 垃圾危机链

2017 年，距 2006 年北京六里屯发生首次具有代表意义的"反焚烧厂上
马案"，已超过十载。但时间并未削减人们对垃圾焚烧所致环境风险的焦虑
与担忧。2016 年 4 月 12 日，浙江海盐县政府发布焚烧厂选址公示，百姓封

---

\* 谭爽，管理学博士，中国矿业大学（北京）文法学院行政管理系副教授，研究方向为社会风
险与公共危机、环境社会学，尤其致力于城市垃圾危机化解的理论探索与实践推进。

堵道路以示抵制；6月25日，湖北省仙桃市居民认为焚烧厂环评未充分征求民意，上街抗议；6月27日，湖南宁乡县群众在县政府前聚集，反对焚烧项目。2017年7月25~28日，湖南邵阳市隆回镇上千居民示威游行，抗议当地政府建设垃圾焚烧厂，并引发冲突；11月8~11日，广东肇庆市高要区居民接连上街游行，反对当地政府重启垃圾焚烧厂建设项目，引发警民冲突等，过去两年，反焚运动依旧在全国各地蔓延。

与此同时，我国垃圾产量正以每年10%的速度增长。据《中国城市建设统计年鉴（2015）》数据，2015年全国城市生活垃圾清运量为19142.17万吨。600多座大中城市中，有2/3陷入垃圾包围，1/4已没有合适场所堆放垃圾，垃圾处理设施运行超负荷运转成为常态，北京、上海、广州等大型城市处境更为窘迫。因此，被宣称为"污染轻、占地少、效率高"的"焚烧技术"成为国家首选的垃圾消纳策略。

一边是垃圾困局形势严峻、亟待破解，一边是建厂焚烧、抗议不断。垃圾污染、焚烧风险、邻避运动，三者俨然构成一条环环相扣的"垃圾危机链"，牵一发，动全身。危机的系统性特征要求我们不仅剖析各环节生成规律，更要识别彼此间关联，从全局视角予以解读和应对。基于此，本文将通过回望2016年垃圾危机的社会呈现，依次探讨危机链条上焚烧风险的现实与建构、邻避运动的效应与影响以及我国垃圾污染治理的路径选择。

## 一 风险被放大了吗？——焚烧危害的社会传播

虽然邻避运动汇集了经济利益、公民权、文化保护等多元议题，但"环境"依然是当事人最根本、最强烈的诉求。垃圾焚烧厂"建"与"不建"的争议背后，涵盖的核心议题实为"焚烧是否具有环境风险？具有何种程度的环境风险？"

### （一）"他们放大了垃圾焚烧的危害"：风险评估与传播的技术力量

海盐县政府曾表示：海盐垃圾焚烧厂符合当前通行的焚烧项目选址标

准，即满足城市总体规划、环境卫生专业规划以及国家现行有关标准。环保业内人士也曾颇具信心地回应记者："垃圾焚烧是目前国内外应用比较成熟的技术。""达到国家排放标准的现代化垃圾焚烧发电厂，对周围居民的健康包括对环境的影响是可以忽略不计的。"但来自政府、企业、专家的"保证"未能说服当地百姓，抗议再次上演。

海盐事件并非孤例。多年来，我国垃圾焚烧技术的风险评估与传播中始终存在显著的"技术导向"，这一模式具有三个典型特征。

首先，"无知公众"假设。"他们放大了焚烧的危害"，在笔者对某市垃圾管理部门的访谈中，工作人员有些无奈地说。"他们"指抵制焚烧厂修建的公众、质疑焚烧技术的环保 NGO 等民间"反烧"力量。"挺烧"的政府部门、项目企业、技术专家等认为，"他们"因对垃圾处理知识知之甚少，往往容易被舆论所左右，轻信媒体报道或坊间谣言，过分解读垃圾焚烧造成的环境危害。这种"无知者"假设，决定了无论是在焚烧技术选择，厂址规划还是环境评估中，公众的意见都显得无足轻重。

其次，信息单向传播。基于"无知公众"假设，风险传播被定义为"提供环境风险数据，同时教育受众"，涵盖"告知—解释—保证"三个阶段。即先向公众展示数据，进而解释数据的可靠性和技术使用的必要性，最后保证微小风险完全可以接受。这条"单向"的信息通路中，公众反馈并未被纳入，诉求也很难被回应。如 2016 年数起反焚事件均出现"未经听证直接立项""环境评估问卷造假""社会稳定风险评估不见踪影"等民意渠道阻塞现象，这损害了管理部门的公信力，让公众揣测垃圾焚烧厂是否真的有"猫腻"，是否真的能被妥善管理，反而激化了民众与焚烧项目的对立。湖北仙桃反焚烧厂事件中网友的留言佐证了这一点："有关部门你们其实很清楚我们不相信的是什么，我们不相信 BOT 这样的模式，我们不相信这个项目将来运作的规范性，我们不相信说明书上的操作步骤能一丝不差地被执行，我们不相信相关的检测和监测，不相信各类检查，我们不相信相关职能部门的监管！"

再次，专业数据至上。官方词典中，风险评估被定义为可"量化"的对"危害程度"的技术型分析。"垃圾焚烧厂的用地面积是垃圾填埋场的 1/20 ~ 1/15；垃圾在填埋场中通常需要 7 年到 30 年的分解时间，焚烧处理只要 2 小时左右；垃圾通过填埋可减少 30% 容量，而焚烧可减少 90%。""垃圾焚烧所产生的二噁英是日常生活中所吃食物中二噁英含量的 1/10。""面向未来的'蓝色焚烧厂'更是可以使炉渣热灼减率小于 3%，大幅降低烟气污染物的产生量，其二噁英及氮氧化物等排放较欧盟标准严格 2 倍。"这些行业专家所展示的数据常常被用来论证焚烧安全性。但由于忽略了风险评估中的普通公众的"价值判断"，即便数据累积成山，民间与官方的焚烧风险认知也始终存在分歧。

## （二）"他们掩盖了垃圾焚烧的危害"：风险评估与传播的民间力量

"他们掩盖了垃圾焚烧的危害！"当政府或专家用上述"技术模式"应对公众抗议时，"反建者"们愤怒回应。近几年，公民维权意识提升、社会环保力量增强、自媒体覆盖面拓展等变化，导致官方不再占据信息制高点，也给传统的焚烧风险传播策略带来三个挑战。

其一，"民间知识"的对峙。2016 年 6 月，中外三家民间环保组织共同发布了《中国热点地区鸡蛋中的持久性有机污染物》报告。报告指出，广州、深圳、武汉等地垃圾焚烧厂附近的散养鸡蛋中二噁英毒性当量超过欧盟标准限值 1.3 ~ 4.9 倍。同时，民间"垃圾专家"笔耕不辍，译介国外研究文献，展示"西方垃圾焚烧发电已成夕阳产业""丹麦、德国、日本、美国都在缩减垃圾焚烧规模""婴儿泌尿系统出生缺陷与垃圾焚烧厂污染物存在关联"等观点。非官方的知识与证据，呈现与官方表述的极大差异，再次动摇了政府与技术部门的公信力。

其二，公众风险话语的挑战。正如前美国环保署顾问丹尼尔·弗欧里诺所说："在判断环境风险方面，大众并非愚人"，对于垃圾焚烧厂，公众同样有态度："中国的国情不具备建焚烧厂条件。""强烈建议修在政府旁边！""我爱我的家乡，我希望家乡环境越来越好！""我们不仅要学国外的技术，

也要学人家的管理思维。"这些来自仙桃、海盐、宁乡等地反焚贴吧中的话语，不仅表达了对焚烧技术安全性的担忧，同时还涉及对风险的公平性、扩散性、自愿性、可控性的考量。可见，不同于专家推崇的"量化风险"，民间话语体系中的风险是"危害与公愤的总和"。它提醒我们，风险不完全是"客观的"，更大程度上是"建构的"，如果忽略其社会建构机制，风险传播将永远存在短板。

其三，"受害者"的讲述。2016 年，W 市 G 焚烧厂反建代表做了一场小范围的分享，讲述他们的孩子、他们的邻居、他们自己是如何因与焚烧厂毗邻而罹患"怪病"的，技术评估中"可以接受的微小风险"正是其真实而窘迫的生活经历。然而，主流媒体却极少采访这些被风险击中的人，他们的主张因与已确立的科学观点冲突而变得不合时宜。幸运的是，随着自媒体兴起，"被污名化的反焚者"及其"不得体的声音"获取了进入公共论坛的通道。2016 年的反焚事件正是通过微信朋友圈、公众号、微博、Twitter 等媒介得以传播，使各个鲜活的故事与冰冷的专业数字形成交锋，向人们提供了焚烧风险的全面图景。

"技术模式"与"民间模式"并存，专家与公众力量拉锯，使得"焚烧风险如何？焚烧风险被放大了吗？"这一问题变得更加扑朔迷离、疑窦丛生。焚烧厂的安全隐患就如"达摩克利斯之剑"般悬在人们头顶，一有风吹草动，便会导致系列连锁反应。

## 二 仅仅是邻避吗？——反焚抗争的积极面向

邻避冲突是反垃圾焚烧厂事件中出现频率最高、覆盖最广、影响最大的类型。

邻避冲突仅仅表达了"不要在我家后院"的诉求吗？如果将视点框定在 2016 年，仙桃、海盐、宁乡等事件的确未能突破"后院战争"的范式。但如果将视野拉长、拓宽，便不难发现，过往反焚抗争的积极效应在这一年得到了充分展演。

## （一）公民环境保护意识持续提升

"人的环保意识并非天生，需要一整套法律与监管方面的上层建筑进行引导，但只有普遍性的环境运动才能成为其真正的助产婆。"从这个意义上来说，反焚运动的重要贡献之一，在于它使公民意识到并勇于主张自身的"环境权利"，迈出成为"环境公民"的第一步。2016 年的反焚抗争多发生在小城市或农村，虽然因资源有限未能产生如北京阿苏卫、广州番禺等地同类事件的政治与社会影响，却证明"环境维权"已从发达地区城市中产生的"特殊能力"向社会各阶层蔓延。

## （二）垃圾议题社会组织成长成熟

2006 年，北京六里屯反焚抗争撬动了我国垃圾议题社会组织的萌芽与生长，十年累积，其已释放出不可忽视的环保能量。2016 年，这些组织在垃圾分类推动、垃圾政策倡导、垃圾污染监督等方面做了大量工作：6 月 28 日，成都根与芽邀请社会各界参与讨论会，对国家发改委、住建部发布的《垃圾强制分类制度方案（征求意见稿）》提出意见；7 月 6 日，芜湖生态中心联合自然之友公开发布《231 座生活垃圾焚烧厂信息公开与污染物排放报告》，邀请专家、媒体、公众、NGO 等各方就"新标准下的垃圾焚烧信息公开与监管"进行深入探讨；10 月 25 日，40 余家环保组织针对《"十三五"全国城镇生活垃圾无害化处理设施建设计划（征求意见稿）》提出意见，形成民间版建议书，递交住建部与发改委；12 月 16 日，零废弃联盟举办"垃圾分类与资源回收发展论坛"，吸引 200 余位来自中外各地的政府、企业、专家、NGO 代表，总结与学习垃圾分类和资源回收经验；12 月 12 日，自然之友等 5 家社会组织就"建立北京市垃圾强制分类制度"事宜联名向北京市委书记和市长致信，力求发挥首都在垃圾分类中的示范作用。以类型丰富的环保公益活动为媒，社会组织搭建起平等、开放的"绿色公共领域"，整合各类社会力量，共同探索多中心垃圾治理路径。

### （三）垃圾治理困境得到顶层关注

反焚抗争的难解困局、民间力量的持续努力终于唤起高层对垃圾问题的重视。2016 年 12 月 21 日，习近平总书记在"中央财经领导小组第十四次会议"上将"垃圾分类"列为重要议题，指出"普遍推行垃圾分类制度，关系 13 亿多人生活环境改善，关系垃圾能不能减量化、资源化、无害化处理。要加快建立分类投放、分类收集、分类运输、分类处理的垃圾处理系统，形成以法治为基础、政府推动、全民参与、城乡统筹、因地制宜的垃圾分类制度，努力提高垃圾分类制度覆盖范围。"十二届全国人大五次会议上，政府工作报告将"普遍推行垃圾分类制度"列入城乡环境综合整治重点。同时，《"十三五"规划纲要》《"十三五"生态环境保护规划》《中共中央国务院关于进一步加强城市规划建设管理工作的若干意见》等重要文件也多次强调垃圾治理之紧迫性，指出破解垃圾困局需"建立政府、社区、企业和居民协调机制"，鼓励从"一元化垃圾管理范式"向"多中心垃圾治理范式"转型。可以预期，顶层的关注将继 1957 年提出"垃圾分类"构想后，再次大力推动全国各地的垃圾治理实践。

### （四）垃圾治理民间智慧不断涌现

六里屯反焚事件推动了当地社区的垃圾分类，番禺反焚事件孕育了"绿色家园"垃圾项目组，阿苏卫反焚事件催生了垃圾中转平台"绿房子"。这些源于邻避运动中的环保尝试虽然有中断，也有失败，但它们所传递的精神却得以延续。越来越多的基层公众开始考量"焚烧依赖"与"减量循环"之间的优劣，并走上垃圾分类之路。2016 年值得一提的案例之一是北京昌平区兴寿镇辛庄村的"垃圾不落地"试点工程。该村 7 位村民组建的"辛庄环保小组"与村两委干部协同，经过大力宣教与持续行动，鼓励村民在家进行垃圾分类，环卫工人定时上门收取，厨余垃圾用于堆肥与酵素制作，并将做成的肥料用于草莓种植，最终实现村庄垃圾桶全部撤销，垃圾分类有效率达 95%，垃圾减量率达 75%，逐步形成一套闭环式的农村垃圾治理模式。辛庄并非个案，上海樱花苑、浙江金华金东区、广州联合街道、四川孝儿镇、北京金榜园、武汉二职校园等诸多社区也成功实现了垃圾分类。它们并非都是官方选定的"垃圾分类示范小区"，民间智慧却让它们变成"迈向零废弃"的真正榜样。

不可否认，"邻避冲突"首先是"不要在我家后院"（NIMBY）的区域性维权行动，但现阶段反焚抗争对环保意识、环保行动、环保制度的培育与催生，证明了从"不要在我家后院"（NIMBY）向"不要在我们后院"（NIOBY）再向"不要在任何人后院"（NIABY）转型的可能性。但笔者也发现，这些民间力量、新生制度等不可避免地面对"停滞状态"或"回退效应"，其原因或是焚烧厂反建诉求得到满足，公民参与环保的意愿降低；或是社区人际网络离散、环保氛围受损；或是垃圾分类制度缺乏配套支持导致运转不佳；或是垃圾议题社会组织的生存面临诸多挑战等。种种困境，给我国未来的垃圾治理提出一个值得深思的问题：如何调动与保护社会资本存量，激发并创造社会资本增量，让垃圾治理不再是"个别人"的难题，而成为"全社会"的议题？

# 三 处理、管理还是治理？：垃圾污染的应对转型

焚烧风险的认知分歧何解？邻避冲突的零和困境何解？垃圾难题的复杂局势何解？对于垃圾处理链条上这不可分割的三个环节与三大难题，答案是"理解、妥协、共识、合作"。这要求我们重塑对垃圾问题的解读视角与应对路径，从技术面向的垃圾处理、权力面向的垃圾管理向社会面向的垃圾治理转型。

## （一）焚烧风险传播，由"技术模式"向"民主模式"转型

多年来，焚烧风险传播的失败经验宣告"技术模式"已走入瓶颈，迫切需要从专家向公众的"单向教育"转变为双向"民主沟通"，基于对公众风险认知规律的理解与尊重，进行平等对话与辩论，从而在全社会树立对焚

烧风险的理性认知。针对我国具体情况，有三方面需要完善。

首先，对垃圾焚烧风险进行全面展示。每位公民都有权利了解焚烧技术可能导致的污染，也有责任了解焚烧厂修建与自身非环保生活方式之间的密切联系。但目前，官方对焚烧技术的宣传集中于"占地小、效率高、无害化、资源化"等优势，而刻意回避其风险，有失偏颇。"如果能坦诚告诉我们焚烧厂确有风险，但如果不做垃圾分类，就不得不烧，则可以倒逼个体的环保行动，可惜政府多次错过了这样的机会。"番禺反建代表的亲身感受为官方风险传播提供了另一种思路：通过客观、充分地向公众告知垃圾焚烧的环境风险，在全社会植入一种深刻的危机感，并帮助人们将垃圾污染与自身生产、生活行为挂钩，引导其在维护环境权利的同时履行环保责任，合力削减风险。

其次，在焚烧厂规划环评、项目环评、项目稳评等阶段建立实质化的公民参与渠道。为实现环境风险的良性沟通，近些年我国在环境影响评价、社会稳定风险评估、环境保护公众参与等方面出台了系列政策法规。但制度实践并不如想象中顺畅，2016年几起反焚抗争均暴露出项目环评造假、规划环评缺失、社会稳定评估走过场等问题，这成为公众诟病与维权抗争的主因。鉴于此，未来应进一步加强制度建设，明确公众参与的力度、方法等，利用电子政务、自媒体等平台搭建多元、便利的参与渠道，尤其要重视听证会、座谈会等民意搜集"利器"，减少仅仅使用问卷调查导致的数据失真。同时，对"该评未评""评而不用"等现象进行责任倒查，以推动环境公众参与的真正落地。

再次，对运营中垃圾焚烧厂的安全状况进行严格监管与定期公开。根据环保NGO芜湖生态中心与自然之友连续3年（2013～2015年）对我国两百多座已运行焚烧厂的信息公开核查，发现排放超标、低价中标、监控疏漏等诸多隐患，这是公众产生安全焦虑进而反对焚烧的根本原因。要想重拾民众对政府、企业的信心，愿意与焚烧厂为邻，必须加强对项目规划与生产环节的监管，并通过定期数据公开主动获取社会监督，通过降低前端"环境风险"来削减末端"社会风险"。

## （二）反焚抗争治理，由"负功能防控"向"正功能发挥"转型

2016 年出台的《"十三五"全国城镇生活垃圾无害化处理设施建设规划》依旧将垃圾焚烧作为垃圾处理的主要方式，计划"在 2020 年底，全国城镇生活垃圾焚烧处理能力占无害化处理总能力的 50% 以上，其中东部地区达 60% 以上。"《关于进一步加强城市生活垃圾焚烧处理工作的意见》中肯定了焚烧技术的作用，同时提出"规划先行，加快建设，尽快补上城市生活垃圾处理短板"。这意味着未来一段时间，焚烧厂修建将高歌猛进，也意味着反焚运动极有可能持续发生。但我国目前邻避冲突治理片面强调其"负功能"，而忽略了其"正功能"，以致用短视的眼光回避、掩盖甚至强压冲突，反致矛盾激化：冲突爆发前，受制于垃圾围城困境和政绩考核压力，政府通常不会将效益低、见效慢的垃圾减量、垃圾分类等措施作为首选，而这些策略恰恰最有益于环境公民塑造；冲突发生时，政府虽迫于社会要求搭建政民沟通平台，但在刚性维稳观念的约束下，赋予公众参与环境决策、监督环境执法的时间与空间都非常有限；冲突平息后，传统观念又抑制了政府与社会对于"学习与反思"的积极性，导致诸多环保能量错失了被发掘的契机。

如何规避上述不足，发掘反焚运动中的正能量，争取同盟、共担责任，是政府未来需要思考的核心问题。值得借鉴的经验来自北京六里屯和广东番禺反垃圾焚烧厂事件：反建者的行动并未终止于垃圾厂停建，而是在抗争领袖的坚持、环保 NGO 的支持、媒体报道的推动下，实现了社区垃圾分类推进，倒逼政府建立起厨余垃圾清运体系，甚至还孕育了新生环保 NGO。这些改变依赖于政府转变刚性维稳观，需要其从冲突治理的"主导方"退到"协调者"位置，充分发挥各利益相关者的优势，将社会组织、社区公众、大众传媒等社会力量集结起来，借力 NGO 实现抗争议题拓展、借力社区领袖搭建"环保公共领域"、借力媒体实现环保议程设置，为垃圾治理储备"正能量"。

## （三）垃圾污染缓解，由"单中心管理"向"多中心治理"转型

"垃圾管理范式"从行政管理视角考量问题，强调通过政策性调控手段解决垃圾问题。其失败集中体现在多年来我国垃圾分类的"不进反退"。其中虽然存在诸多历史性原因，但政府一元主导所带来的管理漏洞与社会乏力不得不说是核心病灶。较长时间内，政府对垃圾展开"运动式治理"，通过建章立制、宣教动员、设置"示范小区"等策略将垃圾分类工作全面铺开。但当时的公众环保意识不足、企业力量尚未孵化、环境 NGO 雏形未见、大众传媒力量有限，仅依靠政府一己之力，垃圾管理始终浮于表面，最终偃旗息鼓。但近十年的反焚抗争再度将垃圾污染问题推到前台，同时也为垃圾分类的重整旗鼓孕育了充足的社会力量，为多方协同的"垃圾治理范式"构建做好准备。

以之为起点，首先需要明晰各级政府主管部门、社区（村）居委会、小区物业管理公司、垃圾处理服务企业、垃圾议题社会组织、垃圾产生者等垃圾治理利益相关主体的角色与职能，梳理彼此之间关系，保障各主体的行动规范化与协调性。其次，需要从系统视角审视垃圾治理链条，可将其切割为"社区分类""回收循环""冲突化解""宣传教育""设施监管""政策倡导"等治理场域，对各场域中政府与社会力量的合作机制进行分别探索与精细化建构。最后，也是最重要的一点，在于敦促各主体在垃圾治理观念上寻求共识。我们必须理解，垃圾焚烧只是"经济化社会"向"生态化社会"过渡阶段的选择之一，绝非最优选择，更不应该成为最终选择。从根本上扭转垃圾围城现状，先进的技术只是要素之一，更重要的是社会网络上的各个节点合力建构一个富有远见的联盟，共同开启"迈向零废弃"的转型之门。

# G.9
# 从粤港海洋垃圾事件看海洋垃圾治理

曹 源 刘永龙*

**摘 要：** 2016 年 7 月，因珠江流域发生暴雨和洪灾，香港受到了大量来自广东省的海洋垃圾的侵扰。在这一事件的应对过程中，香港的非政府组织发挥了重要作用。我国的海洋垃圾形势非常严峻。2016 年，内地地区的民间环保组织在海洋垃圾治理中展现了巨大的能量，开展了一系列全国联合行动，但与香港相比，内地的非政府组织发展较晚，力量还很有限，获得政府的支持也不够。要解决我国海洋垃圾问题，充分发挥非政府组织的作用，加强政府与关注海洋环保的民间组织之间的合作必不可少。

**关键词：** 粤港海洋垃圾事件 海洋垃圾 非政府组织治理

## 一 粤港海洋垃圾事件

2016 年 7 月，香港大屿山南部海滩部分区域出现垃圾量异常增多的状况，引起了包括香港本地居民、环保机构、媒体、行政机关、立法会议员等各界人士广泛关注，海滩垃圾最终得到了比较妥善的处置。在该起事件的应急处置过程中，香港社会比较发达的非政府组织在其中发挥了重要作用。

---

\* 曹源，上海仁渡海洋公益发展中心研究助理，关注海洋垃圾治理议题；刘永龙，上海仁渡海洋公益发展中心理事长。

1. 粤港海洋垃圾事件经过

从 2016 年 6 月中旬开始，有香港居民发现海面漂浮垃圾和海滩垃圾数量异常增多，7 月 7 日，香港《民报》记者走访了大屿山等多个海滩，对垃圾数量的实际情况进行了调查和报道，引起了社会各界的关注。官方公布的清理数据也印证了媒体和民间对垃圾异常增多的观测，7 月 12 日，香港特区政府的新闻公报透露，7 月的前 9 天中，政府各部门清理的海滩垃圾总量达 78 吨，是往年同期的 6~10 倍，时任特区行政长官梁振英还于当月 10 日率环境局局长黄锦星等多名官员参与海滩清洁活动，表达对海洋垃圾问题的重视。

海滩垃圾中的商品包装袋上出现的条形码和简体中文标识，将矛头指向中国内地。香港政府通过电脑模拟等手段得出结论，6 月中旬及 7 月初广东、广西两省份的洪灾将陆上垃圾带入珠江三角洲地区，后随西南季风和洋流登陆香港海滩。

香港居民的生活与海洋关系密切，因此香港对海滩垃圾的处理机制也比较成熟。早在 2012 年，香港政府就针对海洋垃圾问题设立了"海岸清洁跨部门工作小组"，成员包括环境保护署、海事处、食环署、渠务署等 8 个政府部门，负责定时定点地收集和清理海滩垃圾，一些重点地区垃圾清理频率达到每天一次以上，因此能够比较妥善地应对此次事件。

珠江江面的非法倾倒也一直给香港社会带来困扰。2016 年 11 月 16 日和 12 月 14 日，香港立法会中有议员先后两次就珠江流域带来的垃圾和非法倾倒问题提出质询，可见这一问题依然严峻，而仅靠香港一地进行的垃圾清洁无法在根本上解决这一问题。

实际上，粤港之间在海洋领域的合作已经有一段历史了。早在 2000 年，粤港政府就联合设立了"粤港持续发展与环保合作小组"，其下设立的"珠江三角洲水质保护专题小组"和"大鹏湾及后海湾区域环境管理专题小组"就负责粤港两地间海洋垃圾的治理。① 本次事件过后，粤港两地对海洋垃圾

---

① 参阅香港环保署网站，http://wqrc.epd.gov.hk/sc/regional-collaboration/prd-water-quality-studies.aspx。

问题的认识都进一步深化，2016 年 9 月，双方同意在"粤港持续发展与环保合作小组"下新设立"粤港海洋环境管理专题小组"，其职责包括建立海上垃圾事宜的通报警示机制和打击非法垃圾倾倒入海事件等。

2. 环保 NGO 的参与

香港当地 NGO 的深度参与是香港解决这起事件过程中的一大特色，在整起事件中，民间环保组织的身影随处可见。首先，民间环保组织是海洋垃圾事件的最初曝光者之一，早在 6 月中旬，媒体对海滩垃圾剧增的情况曝光前，环保人士就已经注意到垃圾量异常增多的情况，开始组织力量对海滩垃圾进行收集和分析。海洋守护者协会驻香港的亚洲部主任加里·斯托克斯还通过社交网站发布了受灾海滩现场的照片和信息。① 其次，民间环保组织还是海滩垃圾的一线清理者和关注海洋垃圾的倡导者。民间组织经常组织力量开展海滩清洁活动，在事件发生后，也参与了海滩垃圾的清理，而一些专门关注海洋环境的民间组织，对这一问题的敏感度最高，也在不断呼吁特区政府和普通民众关注和参与这项工作。最后，民间环保组织还配合政府探究了本次海洋垃圾的来源。海洋垃圾曝光后，环保署就召集环保组织代表到海滩上进行实地考察，共同研究海洋垃圾暴增的原因。8 ~ 9 月，环境局副局长陆恭惠多次约见不同环保团体代表，进行意见交换。10 月，政府将与公众和民间组织沟通调查的成果整理成《公众参与资料》，并对外发布，将事件主要原因确定为珠江流域的暴雨。

3. 香港 NGO 和政府间的长效合作

香港环保 NGO 在突发性事件中高效、深度的参与，同香港社会组织参与社会治理的长效机制是分不开的。香港特区政府的规模和精力有限，在很多具体事务上依赖民间组织的参与，而民间环保组织也希望借助政府的力量完成自身使命，这种相互依赖的促进关系已经成为香港社会治理的模式。在海洋垃圾问题上，政府与民间组织的合作方式是多种多样的。第一，建立沟

---

① 《香港海滩垃圾成堆　美媒：内地垃圾不是唯一来源》，参考消息网，2016 年 7 月 13 日，http://www.cankaoxiaoxi.com/china/20160713/1228388.shtml。

通渠道、实现信息的充分交流是双方合作的第一步。香港特区政府与民间组织之间经常展开各种形式的交流，民间组织会积极与政府相关部门探讨问题，共同寻找解决办法，同时向政府分享自己的行动计划，以期加强合作和获得支持。特区政府在必要的时候，也会向民间组织征求意见和相关数据，以弥补自身工作不足，同时也能减少行政成本。第二，直接资助民间组织的项目。如世界自然基金会的育养海岸计划，该计划已经受到香港特区政府连续两年的资助，并将在将来的一年半内继续获得资助。该计划在香港各地具生态价值的海岸地点收集和记录海洋垃圾和海洋生态的数据，用以追查海洋垃圾的源头，制定解决方案，帮助政府建立长远的海洋保育政策。该计划也在很大程度上提升了香港市民和各个行业对海洋垃圾问题的关注程度。第三，香港民间组织也能够很大程度地推动针对环境问题的政策和立法。"育养海岸"计划的总结报告中，提出了落实生产者责任制、禁用一次性塑料产品和增设饮水机、垃圾回收箱等市政设施的建议，其中一些做法已经开始实施，并渐见成效。①

## 二　我国海洋垃圾的现状

### 1. 我国海洋垃圾存量现状

粤港间和珠江流域的海洋垃圾事件，展示出的只是我国海洋垃圾问题的冰山一角。珠江三角洲地区地理位置较为敏感，跨境因素提升了广东省政府对于海洋垃圾问题的重视程度。但是，入海垃圾会随着洋流和季风等自然因素沿着海岸线漂流，在我国的其他海岸线上，包括在一些偏僻的海滩上，海洋垃圾的存量并不因人迹罕至而有所减少，只是缺少曝光机会，难以引起公众和当地政府的重视。2016 年 4 月，国家海洋局发布的海洋环境公报中，对 41 个监测区域中海漂垃圾、海底垃圾和海滩垃圾的监测结果进行了通报，

---

① 杨松颖、林言霞等：《育养海岸——守护海岸的日子》，世界自然基金会香港分会，2016 年 10 月。

但这一研究主要是针对垃圾的种类和密度，距离弄清我国海洋垃圾的全貌还有一定距离，特别是缺少对垃圾情况的横向比较。我国是世界人口第一大国，经济总量也已跃居世界第二位，但我国的垃圾回收和处理体系依然很不完善，对海洋垃圾的重视程度还不够，而巨大的垃圾入海量使我国因海洋垃圾问题在国际上多受责难。我国的海洋垃圾总量到底有多大，在全球海洋垃圾中贡献了多少比例，在这一问题还没有取得广泛认可的结论的情况下，也许以下三项不同来源的研究能够在一定程度上作为参考。

（1）美国《科学》杂志[①]：中国入海塑料垃圾占全球入海塑料垃圾第一位。美国科学家詹姆贝克等人于2015年2月在《科学》杂志上发表的论文，是近年关于入海垃圾最权威的研究之一。该论文以2010年全球的入海塑料垃圾为研究对象，通过分析全球192个沿海国家和地区，距离海岸线50公里以内的人口数量、人均日废弃物排放量、塑料垃圾比例、失控塑料垃圾占比等数据，推算出各个国家和地区排放入海的塑料垃圾总量。作者推算，2010年全球入海塑料垃圾总量在480万~1270万吨，其中中国大陆地区每年流入海洋的塑料垃圾总重在132万~353万吨，排名世界第一。印度尼西亚、马来西亚、越南和斯里兰卡4个东南亚国家分别占据2~5位。论文指出，沿岸人口数量、人均日废弃物排放量和是否拥有完善的垃圾处理体系是决定最终入海垃圾数量的因素，因此拥有众多沿海人口的发展中国家如果缺乏配套的基础设施建设，产生的入海垃圾总量就会较大。美国因其巨大的人口数量和大量的人均日废弃物排放量，以4万~11万吨的排放量，成为唯一一个排名前20的发达国家，而如果将欧盟作为一个整体，则其排名在第18位。

（2）日本冲绳县的研究：冲绳县海滩垃圾中有50%~75%来自中国。日本冲绳县在2013年开始的一项研究同样把矛头指向海洋垃圾的国籍，该研究通过识别海滩垃圾中商品包装上的条形码，判断垃圾的生产国。在2013年11月至2014年11月，冲绳县对冲绳本岛及另外4个附属岛上的海滩垃圾进行了抽样调查，在冲绳本岛海滩上找到的108件能够识别出条形码

---

① Jenna R. Jambeck. *Plastic waste imputs from land into the ocean*. Science. 2015，2，13. p. 768.

的垃圾中，来自中国大陆地区的垃圾占比为49%，而在距离中国更近的宫古岛、池间岛、西表岛、石恒岛及与那国岛，同样的调查手法下，这一数据在70%~75%。

（3）海滩垃圾品牌监测卡：上海海滩垃圾中来自外国的比例不足2%。上海仁渡海洋公益发展中心在2016年8月自主设计了海滩垃圾品牌记录卡，并在后续的海滩清洁活动中使用。这项研究记录了海滩垃圾中有商品标识垃圾的品牌属性，其最初的目的在于了解生产商生产的产品的最终归宿及其对海洋环境带来的损害，从而督促企业履行社会责任。该卡片同时记录下了产品包装袋上纯外文品牌的数量，自2016年8月品牌卡第一次投入使用，至2017年2月，仁渡海洋共在上海海滩边找到580种垃圾品牌，3509件能够识别品牌标识的海滩垃圾，其中外文品牌39种，占品牌总数6.72%；外文品牌垃圾件数62件，占总数1.77%。当然，从国外漂流到上海海滩的垃圾更可能因浸泡等因素而磨损严重，导致无法辨别其品牌属性而没有记录，这可能是外国品牌占比较少的一个原因，但这一结果依然能够在一定程度上说明问题。

2. 我国海洋垃圾管理现状

政府是治理海洋垃圾的最核心力量，而管理好境内的海洋垃圾也是政府义不容辞的责任。目前，我国政府对海洋垃圾的管理缺乏统一的负责部门，存在多头管理、责任不明的弊端，究其原因可能有两方面：一方面，我国对海洋领域的管理比较滞后，对海洋环境的管理体制基本上是陆地管理体制的延伸，这就造成了一个完整的海洋生态系统通常被交通、石油、农业、国土资源、环境保护等多个部门分而治之[1]，与海洋有关的职能通常依附于其他相关部门履行。另一方面，我国的行政管理体制包括横向的职能分配和纵向的中央与地方分配，这导致全国对海洋垃圾问题缺乏统一的垂直式管理。

在国家层面，根据我国《环境保护法》《海洋环境保护法》《固体废弃

---

① 罗玲云：《我国海洋环境治理中环保NGO的政策参与研究》，中国海洋大学硕士学位论文，2013。

物污染环境防治法》《港口法》《海上交通安全法》等相关法律条款，涉及海洋垃圾管理的部门至少有 6 个部级单位以及军队环境保护部门。

我国海洋垃圾问题除了理论上应该由环保部统一监管之外，具体职能分散在各个部委及其下属对应单位中。一方面，这种分散的管理体制导致协调性不够，各部门在其主管范围内各自为政；另一方面，多头管理也导致责任不明，没有哪一部门对海洋垃圾最终负责。而以上部门对海洋垃圾的管理也仅限于与其业务的相关环节中，如对建设、船舶、渔业等领域产生海洋垃圾的控制，而海洋垃圾产生、漂流、累积过程中的其他环节，特别是已经存在于漫长海岸线上的海洋垃圾，则长期处于无人管理状态。

在地方层面，海洋垃圾问题同样分属多个不同部门管理。而且与中央机构相比，地方上的职能部门往往是按照业务范围和历史延伸而设置的，其承接的职能也并不单一，因此并不与中央层面的机构一一对应。比如上海市承担海洋局职能的单位为上海市水务局内设的上海市海洋局，而其他省市大多叫作海洋渔业厅，如广东省海洋渔业厅等。同时由于涉及生活垃圾问题，地方上的海洋垃圾管理工作又往往与市容绿化工作联系在一起。对于这些机关单位而言，海洋垃圾仅仅是这些部门工作内容中很小的一个方面，这就使得地方政府能够真正投入海洋垃圾治理上的精力十分有限。

除此之外，各级政府之间纵向的权力分配也给海洋垃圾管理体制带来困扰。与上级政府的机构设置逻辑不同，地方职能单位与之对应的单位并非隶属关系，而是本级政府的直属单位，只接受上级对应单位的业务指导。这种设置，降低了在海洋垃圾问题上的工作效率，同时也在一定程度上助长了地方保护主义。

2016 年 9 月，国务院启动了一项针对环保部门的改革措施，将实现省以下环保机构的垂直化管理，并在全国部分省级行政区开展试点工作。但在海洋垃圾涉及的其他部门，类似的改革并没有启动。值得一提的是，尽管交通部下属的国家海事局在各省、市设立了直属的海事局，各地方依然另设有省、市政府直属的地方海事局。在名称上，二者通常以是否加"省""市"字样作为区分。例如，中华人民共和国上海海事局为交通部直属机构，而上

海市海事局则为上海市政府的直属机构。这种职能高度重叠的设置，也在一定程度上折射出我国海洋垃圾管理体制的现状（见图1）。①

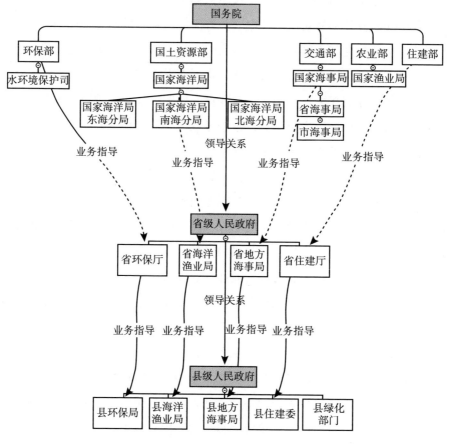

**图1　我国海洋垃圾管理体系示意**

## 三　2016年海洋环保NGO联合行动

在中国大陆地区，民间组织的第一场净滩活动可以追溯至2004年青岛

---

① 编者注：2018年初出台的《国务院机构改革方案》，原国家海洋局的海洋环境保护职责已并入新组建的生态环境部，海洋垃圾管理行政职责也随之得到调整和明晰。

栈桥的净滩，而后各地也陆续开展了类似的海滩清洁活动，但这些活动往往规模较小，而且比较分散。直到最近几年，净滩活动才从各地走向全国联合，引起了更大的社会反响，起到了良好的动员效果。2016年，全国关注这个议题的环保组织更加紧密地联系在了一起，开展了一系列联合行动。

1. "6·8"海洋日联合净滩活动

6月8日是世界海洋日，由上海仁渡海洋牵头和推动，WWF香港分会、深圳市红树林湿地保护基金会、澳门科学馆等三地多家机构联合开展了"三地同心护海洋"联合净滩行动，是近年来内地、港、澳之间针对海洋垃圾问题规模最大的联合行动之一。本次活动共覆盖了14个省（区、市），18个城市，参与总人数为2252人，共49支志愿者团队，清理垃圾总重量22061.2千克，人均清理垃圾重量9.8千克。① 在部分地区，净滩活动还得到了当地政府部门的支持和参与。

2. 国际海滩清洁日联合净滩行动

国际海滩清洁活动（ICC）最早由美国海洋保育协会（Ocean Conservancy）发起，号召全球志愿者在9月的第3个星期六来到海边清理垃圾，当天也被称为国际海滩清洁日。2016年9月17日是第31个国际海滩清洁日，在9月17~25日，内地及港澳地区共18个城市，102家社团机构共组织志愿者5534名，在累计长度30公里的海岸线上清理出垃圾40.9吨。垃圾清理只是第一步，部分有条件的地区还会使用美国海洋保育协会提供的海滩垃圾记录卡（ICC卡），对捡到的垃圾分4大类56个小类分别统计数量和重量。上海仁渡海洋作为ICC活动在中国大陆地区的协调人，负责本次活动的全国协调工作，并且将收集到的数据汇总分析，发布垃圾调查报告。

3. "净滩协作平台"全国协作机制②

除了在特殊日子里开展的全国联合行动外，上海仁渡海洋还希望建立

---

① 上海仁渡海洋公益发展中心：《三地同心护海洋联合行动数据报告》，2016年6月。
② 参见守护海岸线项目网站，http://www.ccmc.org.cn/。

全国合作的长效机制，推动净滩行动在全国的开展。"守护海岸线——净滩协作平台"项目就是在这一背景下，于 2014 年开始实施的。该项目旨在通过组织协调净滩活动和为全国海洋环保机构提供净滩技术支持两种方式，推广净滩活动，希望能够引发更多人参与净滩行动，进而了解、关注乃至参与海洋垃圾问题的应对。到 2016 年底，覆盖了全国 12 个沿海省份的 33 家环保机构，通过联合组织净滩活动的行动方式推动企业以及公众一起参与净滩，形成更大规模的公众行动。据不完全统计，2016 年至少有117 场净滩行动通过该平台实现，累计 3 万名志愿者参与行动，清理 110余吨海洋垃圾。

4. 海滩垃圾科研监测

同样依托于守护海岸线项目，以科研为目的的监测活动也同期开启。上海、秦皇岛、大连、天津、青岛、连云港、宁德、厦门、深圳、北海和三亚共 11 个科研监测点，每单月月底按照统一的操作手法，监测邻近海域海漂垃圾的种类和数量，用于公众倡导、政策倡导及科学研究。这项科研监测活动至今已在全国范围内开展了持续两年的监测活动。2016 年科研监测网络共完成全年 47 场科研监测活动，动员 655 位志愿者加入科研监测活动中来，利用 ICC 卡记录 4 大类 48 小类的数量及重量，捡拾和记录了总重为 606.75千克的 19053 件垃圾，并发布了相关海滩垃圾科研监测报告。

# 四 总结与展望

我国政府关注海洋垃圾问题的时间还不长，政府在海洋垃圾治理中长期角色缺失。在我国现行的行政机构组织框架内，没有明确规定哪个部门或机构对海洋垃圾最终负责，这导致对海洋垃圾问题的问责不清。例如，上海仁渡海洋在每次净滩活动后，因垃圾数量较多无法被正常的环卫设施消化，需联系承包市政环卫的公司派出垃圾车处理清理，而产生的费用也需要由活动组织方自行支付，其原因即是因为找不到政府中负责海滩垃圾的对口部门。即如本文作为案例的粤港间纠纷发生后，广东省政府加强了对海洋垃圾问题的重视，并采取了一些措施。但这些措施是在主要领导高度重视的情况下，以运动的方式开展的。在对海上违法倾倒打击行动中，广东省成立了由政法委牵头的联合工作组，也是这一行动能够比较有成效的保证。这种方式固然在短时间内效果显著，但十分依赖上级的高度重视，能否形成长效机制还有待观察。

另外，我国关注海洋环境的民间力量整体上很薄弱。中国大陆地区自2004年第一次在青岛开展净滩活动以来，民间力量进入海洋垃圾治理领域已经有十余个年头，其间涌现出很多关注海洋和垃圾议题的环保机构。但是在相当长的一段时间内，这些机构分散在他们的所在地各自为战，而且对当地政府、企业和其他团体有一定的依附性。近年来，净滩行动从地方走向全国联合，特别是2016年的全国联合净滩行动参与机构多，覆盖的城市范围广，在全国范围内制造了比较浩大的声势，起到了很好的宣传效果。但是，在清理海岸线长度和捡拾垃圾的绝对数量上，与全国海滩垃圾存量相比，不过是九牛一毛。如上文所述，民间环保团体联合发起的ICC日联合行动，在9月17～25日，组织志愿者5534名，清理海岸线30公里，清理海滩垃圾40.9吨，而2017年1月由广东省政府组织发起，所属各市县广泛参与的海滩清洁周活动中，在一周时间内，共计参加人数3万多人次，清理海岸线长236公里，清理海滩垃圾260吨，这比民间的联合行动几乎都要高一个数量级。① 因此，在掌握资源和动员能力上，可以说民间组织的力量还十分有限。根据上海仁渡海洋2015年对涉及海洋环保问题民间环保机构作的抽样调查，有62%的组织成立时间不到10年，34%不超过5年，80%的组织资金规模不到100万元，而平均能够投入海洋环保领域中的不到30%，可见民间组织的力量还十分薄弱。

粤港海洋垃圾事件的案例中，我们可以看到良好的海洋垃圾治理需要政府和民间组织的共同参与。2016年，福建省由海洋渔业厅牵头，成立了福

---

① 黄进、粤海渔、何婉虹：《净滩行动"动真格"海洋环保踊跃争先》，南方日报，http：//epaper. southcn. com/nfdaily/html/2017 – 01/25/content_ 7615423. htm。

建省滨海沙滩保护联盟，整合官方和民间双方的力量保护海洋环境，可以说在政府与 NGO 合作之路上迈出了重要的一步。在未来，我们希望，民间组织能够与政府开展更加深入的合作，获得政府更多支持，在已经行动起来的地区，能够将这种合作深化，建立民间组织与政府互动的长效机制，让环保NGO 成为政府在海洋垃圾问题上的长期合作者与监督者。

# 行 业 篇

**Industries**

## G.10

## 从快递包装看互联网新型
## 商业模式的环境问题与治理

孙巍 毛达*

摘 要： 近年来，随着网上购物的高速发展，快递包装垃圾也出现了
快速增长，并带来了严重的环境污染。因此，电商平台在获
得网购利润的同时，对快递垃圾污染的形成和解决应负有直
接责任。为应对社会舆论对快递垃圾的压力，从 2016 年开
始，电商平台提出了"绿色包裹""青流计划"等环保解决
方案。但这些方案能否真正解决问题？哪些部分应该改善？
本文进行了深入追踪和分析。

---

* 孙巍，北京互动天地通信技术有限公司总经理；毛达，深圳市零废弃环保公益事业发展中心
主任，北京自然之友公益基金会理事。

关键词：  快递包装   可降解塑料   电商平台   零废弃   可循环包装

# 一  快递包装的市场现状与环境问题

快递包装垃圾，是指用户在互联网上购物，收到快递包裹后废弃的外包装物，主要包括纸箱、塑料袋、缓冲物等。2017年7月，网上购物的快递包裹数已达1亿个/天，2017年的快递包裹数为400亿个，至2020年，快递包裹数量将达到700亿个。与快递包裹高速增长相伴的，是大量快递包装垃圾及其引发的环境污染。

## （一）快递包装泛滥导致资源浪费

目前，快递包装主要使用的材料是塑料和纸，其生产原料分别是石油和木材；快递包装物的大量消耗和快速废弃，意味着对石油和森林资源的巨大浪费。

塑料快递袋的主要原料是聚乙烯树脂。据报道，生产1吨聚乙烯需要10吨原油。石油对我国而言，是不可再生的重要战略性物资，处于相对短缺状态，每年需要花费约1500亿美元从国外进口。如此重要但紧缺的能源和生产资源，却被用来大量生产一次性塑料袋，显然是一种浪费。

快递纸箱和信封的原料是纸浆和纸板。同样，因国产纸浆无法满足市场需求，我国每年要花费约180亿美元进口原生纸浆和废纸。随着2017年以来环保力度的加大及进口废纸受限，纸浆成本不断升高。在此背景下，快递包装对纸制品的大量消耗，不仅造成森林资源浪费，经济上也不可持续。

## （二）快递包装泛滥带来废弃物处理压力

目前，中国2/3的城市正面临着"垃圾围城"，造成这种局面的重要原因是消费产品大量采用一次性包装，包括快递包裹使用的一次性包装。包装物变成垃圾后需要进行填埋或焚烧处理，不可避免地会给环境带来严峻压力。采用垃圾填埋方式的困难在于，许多大城市的垃圾填埋场容量已满，无法应对每天新增的 1.6 亿个快递包装和废弃餐盒。而焚烧处理快递垃圾、废弃餐盒的过程中，排出的二噁英等气体是否达标，对周边环境造成多大的危害，一直存在很多争议。

据表 1 显示，快递、包装废弃物每一年的基数、增速都很大。另有统计指出，目前特大城市快递包装垃圾的增量占生活垃圾增量的 93% 左右，部分大型城市快递包装垃圾增量占生活垃圾增量的 85% ~90%。①

表 1　快递、包装废弃物

| 互联网平台 | 2011 年 | 2017 年 | 包装废弃物 | |
|---|---|---|---|---|
| 网上购物 | 1000 万个/天 | 1 亿个/天 | 纸箱胶带 | 6000 万个/天 |
| | | | 塑料袋 | 4000 万个/天 |
| 外卖订餐 | 1 万单/天 | 2000 万单/天 | 外卖餐盒 | 6000 万个/天 |
| 快递废弃物 | 2015 年 | 2016 年 | 废弃物增长 | |
| 胶带 | 170 亿米 | 230 亿米 | 35% | |
| 塑料袋 | 82 亿个 | 117 亿个 | 43% | |
| 纸箱 | 99 亿个 | 141 亿个 | 42% | |

注：数据选自国家邮政局、中国仓储协会的 2015、2016 年度报告。

快递包装垃圾问题产生的背后，有经济方面的重要原因。相比更持久耐用的帆布袋或可回收的包裹箱，不少包装物供应商显然更希望快递公司持续使用塑料袋。因为对于它们而言，塑料袋最适合"快速使用、快速抛弃和快速再购买"的消费模式，可以持续产生利润。而帆布袋虽然可以重复使用，对环境的影响更小，但它显然不属于"快销"产品的范围，给包装和快递行业带来的直接经济利益有限。

---

① 王继祥：《2017 年中国电商物流绿色包装发展报告》，http：//www.sohu.com/a/139390143_757817。

### （三）塑料包装污染制造"塑料海洋"

海洋是自然界中塑料污染最直接的受害者，快递包裹大量使用一次性塑料包装，也是造成海洋塑料污染的因素之一，不可忽视。

全球目前每年流入海洋的塑料垃圾达 480 万 ~1270 万吨，而中国以每年向海洋排放 132 万 ~353 万吨塑料垃圾，居于首位。海洋中现已聚集了大量的塑料碎片，海洋生物会不断地吞食这些塑料碎片，人类在食用海鲜时，也会吞下其中的塑料微粒。

海岸线上现在也遍布着大量的塑料碎片。据国外媒体报道，科学家曾在澳大利亚海岸上一只死去的鸬鹚体内取出 5 公斤塑料。我国内超市出售的海盐中也已被检测出含有塑料微粒。

另外，塑料垃圾是一种慢性中毒式的环境污染，它不像工厂排放污水、废气那样，能直接反映在污水 COD、空气 VOCs 等环境测量仪器的读数上。它的危害是缓慢的，但可以在未来 50 ~100 年中持续污染地球环境。

## 二 快递包装垃圾的治理责任与电商平台
## 提出的应对方案

### （一）电商平台对快递包装垃圾泛滥负有治理责任

网上购物、网上订餐这些新消费模式，都需要通过电商平台的运营来实现。通过电商平台，用户使用电脑或手机即可发送订单，然后快递服务便将商品和餐食直接送到他们手中。总的来说，电商平台可实现如下四种功能：（1）支持商家开设网店，出售商品；（2）支持消费者网上浏览、比价商品；（3）在线支付功能，及 7 天无理由退换；（4）快递员、送餐员送货上门。这些功能确保了网上交易的安全方便，使消费者能放心采购，大幅提高了电商平台的交易规模，而电商平台从每一笔交易中提成，也获得了巨大的收益。

然而，网上购物模式把传统的"逛商场"购物模式，变成了"手机下单，快递到家"模式——商品经快递送达用户家中，也意味着外包装废弃物的产生，以及环境污染的开始。因此，网上购物平台的高速发展，与快递包装垃圾的泛滥有直接的因果关系；与此同理，网上订餐平台的高速发展，与外卖餐盒大量使用进而污染环境也有直接的因果关系。基于这样的认识，电商外卖平台和快递公司，在发展过程中不应仅以营利为目的，而对带来的塑料包装污染问题视而不见，也不应以"法无规定"为理由，躲避平台的治污责任，继续任由商家滥用塑料包装，对环境造成更大的污染。

### （二）电商平台的环保解决方案

从 2016 年开始，随着各种媒体对快递包装垃圾的关注和报道，网上购物平台面临较大的环保舆论压力。为此，阿里巴巴旗下的菜鸟网络推出了"绿动计划"，京东推出了"青流计划"。两个计划虽有许多不同之处，但有两项措施是近似的，即均宣称要用生物可降解塑料袋代替传统塑料袋，用无胶带纸箱代替传统的纸箱加胶带。前者在行动上已经迈出实质性步伐，其与合作伙伴已经为阿里巴巴推出了"绿色包裹"产品，主要包括两种环保包装：可完全降解的快递袋和无须使用封箱胶带的拉链式快递纸箱。

据查，菜鸟网络推出的可降解快递袋，使用的是 PLA/PBAT 合成树脂材料。生产商及菜鸟网络都声称该材料可以在自然环境下完全降解，或可丢入厨余垃圾作堆肥处理，即使填埋也能完全降解。无胶带快递箱则使用双面胶替代塑料封箱胶带，使箱体表面不再被胶带缠绕。此外，快递箱还采用了创新的"拉链型"开启方式，其推广者认为消费者的购物体验将因此获得提升。

## 三　对电商平台快递垃圾解决方案的质疑

电商平台推出的上述"计划"，声称已解决了快递包装垃圾问题。但是深入分析即可发现，事实并非如此。

## （一）无胶带纸箱，并未解决胶带污染

无胶带快递箱，实际上是用双面胶、黏胶剂，甚至只是更窄的胶带代替目前较宽的胶带，对纸箱的内外表面进行黏合。而双面胶、窄胶带仍使用的是不可降解材料，黏胶剂则可能含有一定潜在危害成分的化学物质，因此并未从根本上解决问题。

## （二）可降解塑料袋，可以在自然环境下完全降解吗？

菜鸟网络及其合作者声称：菜鸟"绿动计划"研发的快递袋用 PBAT 改性树脂制成，主要成分是 PBAT 和 PLA①，做到了 100% 生物降解，正常在自然环境下几个月之内就会完全分解被土壤吸收。② 实际情况是这样吗？下面我们对此深入分析。

首先需要明确"可降解塑料袋"的概念。第一代的可降解塑料，是在 PE（聚乙烯）中加入淀粉和光敏剂，使塑料袋在日照下逐渐分解。最终，塑料袋中的淀粉部分自然降解，PE 部分无法降解，残留为碎片。最终，塑料袋对环境的污染，只是"化整为零"而已。

电商目前推崇的 PLA/PBAT 就是第二代生物可降解塑料袋。PLA 是一种生物基的可降解材料，其原料来自玉米或木薯作物的淀粉，PBAT 是一种石油基的可降解材料，其原料从石油中提取。

由于 PLA 有高脆性的缺点，而 PBAT 有良好的韧性，因此，很多厂家将两种材料按比例混合，以提高合成料的力度与韧度。

PLA/PBAT 进入土壤环境后，实际的可降解速度很慢。PLA 虽然由植物淀粉制成，但本质上并不属于自然化合物，与自然可降解材料有明显差别。经过化学聚合，PLA 本身不易被微生物、酶等直接降解；在被生物降解前，需先经过水解过程。而 PLA 又是非亲水物质，表面结构致密，水分很难进

---

① 聚乳酸/对苯二甲酸 – 己二酸 – 1、4 – 丁二醇三元共聚酯。
② 《菜鸟网络试点可降解快递袋　将向行业推广》，http：//stock.eastmoney.com/news/1354，20160913663911210.html。

入其内部。在已有的科学实验中，PLA 样品掩埋在土壤中一年，质量损失仅为 0.23%。[1]

PBAT 来源于石油，同样不能被直接降解，需先经过水解。有科研人员曾将 PBAT 纯样埋入土壤试图使其降解，但在 155 天时仍未出现明显变化。[2]

PLA/PBAT 共聚物进入土壤后，降解速度也很慢，原因与上述情况一致。自然土壤环境中，缺乏让 PLA/PBAT 先行水解的条件，此后的降解也就无从谈起。[3]

PLA、PBAT 或 PLA/PBAT 进入海水或淡水自然环境后，降解同样非常缓慢。2017 年 6 月，德国拜罗伊特大学的 Amir Reza Bagheri 等发表了论文，将 PLA 与 PBAT 样品浸入 25℃ 自然光照的海水、淡水中一年，并进行了实验观察。结果发现，PLA 与 PBAT 样品基本没有被降解，水解率 <2%。[4]

从已知信息看，只有在满足条件的堆肥环境中，PLA/PBAT 可以实现较快速度的降解——30 天降解约 60%。这些条件包括：充足的湿度、一定的通氧率、较高的温度，以及采用腐熟堆肥作为接种物。[5]

实验室中还常常使用碱液来加速 PLA/PBAT 的降解，但在自然环境中，该法会碱化土壤，引起新的污染，所以实际不可行。

## （三）深入讨论可降解塑料袋的堆肥处理

既然可降解塑料只有堆肥才能降解，那么，把可降解塑料袋都送去堆肥厂堆肥，不就解决了快递包装污染问题吗？这种方案虽然在理论上可行，但在实际操作中存在着很多问题。

---

[1] 郑霞、李新功、吴义强：《聚乳酸自然降解性能》，《功能材料》2014 年第 14 期。

[2] 周承伟、张玉、吴智华：《填充复合材料 PBAT 的降解性能研究》，《塑料科技》2013 年第 9 期。

[3] 司鹏、郝妮媛、刘阳等：《PLA/PBAT 薄膜的制备及其降解性能研究》，《塑料科技》2015 年第 10 期。

[4] Amir Reza Bagheri, Christian Laforsch etc.: "Fate of So-Called Biodegradable Polymers in Seawater and Freshwater," *Global Challenges*, July 14, 2017, Volume1, Issue 4.

[5] 张敏、孟庆阳、刁晓倩、翁云宣：《PLA/PBAT 共混物的降解性能研究》，《中国塑料》2016 年第 8 期。

　　首先，实验条件下的堆肥只针对少量可降解塑料袋，对时间无限制。堆肥厂则主要用于处理厨余垃圾，生成肥料，有严格的处理时间限制。一般的厨余垃圾，在堆肥厂经过 32 天标准流程即可变成有机肥。

　　而 PLA 不能被直接降解，需先进行水解，且表面结构致密，水分很难进入内部，其降解速度因而比厨余垃圾要慢很多。所以，当厨余垃圾中混入大量 PLA/PBAT 后，整体堆肥降解速度会大大降低，严重影响堆肥厂的垃圾吞吐量。

　　其次，可降解塑料袋与普通塑料袋，两者难以区分。目前市场上，普通塑料袋、可降解塑料袋两者在同时销售，仅从外表上无法区分两者。在一些地区，由于可降解塑料袋售价较高，已出现传统塑料袋假冒可降解塑料袋的现象，目前尚无有效的防伪办法。

　　而一旦普通塑料袋混入堆肥原料，就会对产品造成整批性污染。在这种情况下，堆肥厂可能只能把所有（可/不可降解）塑料袋都分拣出去，禁止塑料袋参与堆肥，才能保证正常运行。最终，可降解塑料袋和普通塑料袋一样，还是逃脱不了被填埋和焚烧的命运。

　　再次，国内大型堆肥厂，尚无批量降解 PLA/PBAT 的实际数据。目前没有数据表明，国内堆肥厂能够对可降解塑料进行有效的批量处理，因而无法把"堆肥降解"视为可降解塑料的有效批量处理方法。

　　综上所述，国内知名电商一度宣传推广的可降解塑料袋 PLA/PBAT，实际上在自然环境中降解过程非常缓慢，直接埋入土壤、倒入海洋，会和普通塑料袋一样造成污染。另外，即便有工业化堆肥设施可以接收可降解袋，是否能够进行有效、批量处理，同时不影响堆肥产品质量，也仍然存疑。

## 四　采用可循环使用的快递包装，向"零废弃" 社会目标发展

　　中国目前处于"过度消费型"社会的阶段——大批量产出的工业产品，采用塑料包装，鼓励一次使用，用完即扔，再次采购，以加快商业消费的速

度。"过度消费型"社会消耗大量自然资源，必然会带来严重的环境问题。中国要走可持续发展的道路，需要从"过度消费型"社会，转向"零废弃"节约型社会。

国际上流行多年的零废弃理念，提倡整个社会从源头开始，尽量减少废弃物，具体做法可归纳为 3R 理念："源头减量，循环使用，再生利用"，这是正确的社会发展目标。具体到快递包装上，可以采取如表 2 所示的措施。

**表 2　减少快递包装的相关措施**

| 3R 理念 | "过度消费型"社会 | "零废弃"节约型社会 |
|---|---|---|
| 源头减量 | 大量生产塑料袋、一次性纸箱 | 生产帆布袋、包布纸箱 |
| 循环使用 | 用户收件后,将包装一次性抛弃 | 用户收件后,将布袋、布箱回收,多次循环使用 |
| 再生利用 | 塑料袋无法再生利用,填埋形成白色污染,焚烧产生有害气体 | 布袋、布箱破损废弃后,布料、内层纸板被回收,再生工厂制成再生布、再生纸 |

## 五　通过强化监管，应对电子商务新业态带来的环境问题

快递包装垃圾之所以引发社会的高度关注，根本原因是互联网时代，新型商业模式高速发展，同时带来严重的环境污染，而政府监管却相对滞后。根据现有的法规条件，本文建议，政府若加强监管先从完善和扩展"限塑令"开始。

### （一）"限塑令"未预见到互联网给传统零售业带来的变化

《国务院办公厅关于限制生产销售使用塑料购物袋的通知》，俗称"限塑令"，颁布于 2007 年。其中提到"超市、商场、集贸市场等商品零售场所是使用塑料购物袋最集中的场所"。但是，从 2008 年后用户已经从传统的超市、商场购物，转向网上购物、快递到家；使用塑料袋最集中的场所也从超市转移到了电商平台上的商家，他们大量使用纸箱胶带、塑料袋等一次性包装，并没有受到"限塑令"的限制。而且，目前 0.3 ~ 0.5 元的有偿使用

价格，对于每次在超市购物可能超过 100 元的消费者，并没有带来很大负担，远低于塑料袋给环境带来的污染成本，未体现"谁制造污染，谁负责"的原则。此使用成本若只简单移植到电商塑料袋的收费中，效果也未必明显。

## （二）针对生活垃圾中的塑料制品，升级"限塑令"

对环境污染影响最大的生活垃圾，是上述的塑料袋、胶带、泡沫塑料等，为了保护土地、海洋和空气不被其污染，我们需要进一步限制或禁止一次性塑料袋、胶带、泡沫塑料等制品的使用。相关措施可以包括：环保部门根据环保处理成本，对塑料制品的生产商，单独征收环保税。生产厂商会把被征收的环保税，转嫁到采购塑料袋的超市、网店，最终让消费者在可回收产品和塑料袋之间做自行选择。至于外卖餐盒、超市食品袋等数量巨大，无法回收，严重污染环境的塑料制品，应该予以禁止。

表 3 是对升级和扩展"限塑令"的具体建议。

表 3　升级和扩展"限塑令"的建议

| 废弃物 | 传统包装 | 环保部门措施 | 可回收产品 |
| --- | --- | --- | --- |
| 快递包装垃圾 | 纸箱 | "胶带"征收环保税 | 包布纸箱 |
| | 塑料袋 | "塑料袋"征收环保税 | 布袋 |
| 外卖餐盒垃圾 | 塑料餐盒 | 禁用 | 搪瓷碗、瓷碗 |
| | 塑料袋 | 禁用 | 网兜 |
| 超市塑料袋 | 食品袋 | 禁用 | 网兜 |
| | 塑料袋 | 禁用 | 帆布袋 |
| 农贸市场塑料袋 | 超薄塑料袋 | 禁用 | 网兜、帆布袋 |
| 生活垃圾 | 混合丢弃 | 强制分类 | 可降解垃圾袋 |

# G.11

# 生产者责任延伸制度的实践与反思

童　昕*

**摘　要:** 　国务院办公厅于 2016 年 12 月 25 日印发了《生产者责任延伸制度推行方案》①,将实施生产者责任延伸制度作为"加快生态文明建设和绿色循环低碳发展的内在要求",强调其"对推进供给侧结构性改革和制造业转型升级所具有的积极意义"。将"生产者对其产品承担的资源环境责任从生产环节延伸到产品设计、流通消费、回收利用、废物处置等全生命周期"的想法目前已经逐渐在政策、立法和业界赢得普遍共识。但如何才能有效实施生产者责任延伸制度? 到底应该坚持延伸生产者责任原则最初的设计初衷,还是接受其实践过程中的妥协? 在这一舶来的法律制度日渐深刻地融入中国现实的循环经济实践中的时候,的确应该认真反思和权衡一下立法的初心与行动的实效。

**关键词:** 　生产者责任延伸制度 (EPR)　生产者责任组织 (PRO)资源环境责任

## 一　激励源头设计创新与实现末端高效
## 废物管理: 孰为重点?

生产者责任延伸制度 (Extended Producer Responsibility, EPR) 在设计

---

* 童昕,北京大学城市与环境学院副教授。
① 《国务院办公厅关于印发生产者责任延伸制度推行方案的通知》(国办发〔2016〕99 号),http://www.gov.cn/zhengce/content/2017 – 01/03/content_ 5156043. htm。

之初是基于一个非常简单的经济假设：只要将产品废弃后的回收处理成本纳入产品价格中去，就可以有效改变产品设计、生产、消费乃至废弃后的处置行为，扭转由于现代城市废物管理系统将废物成本外部化所带来的市场扭曲和废物激增的现实。这一制度起源于 20 世纪 90 年代欧洲一些国家的城市废物管理实践，包括德国、瑞典、荷兰等。而作为正式的学术概念提出来则与清洁生产理念紧密相连[①]。20 世纪 70 年代以来，环境保护主义兴起。环境污染治理一开始主要局限于末端处置。清洁生产理念提出系统化转型的思路：一方面强调生产企业的主动治理和过程优化，另一方面更强调在公共政策和环境治理机制上做出有利于激励企业和消费者自主行动的改变。生产者责任延伸制度正是在这样的背景下逐渐形成并发展起来的。

生产者责任延伸制度被引入公共废物管理体系的一个主要的动力来自基层公共部门[②]。现代城市废物管理系统主要依赖地方公共支出。20 世纪工业化上升时期，在城市人口和工业生产快速集聚、城市生活环境普遍恶化的情况下，城市管理机构为了满足公共卫生的基本需求，将城市生活垃圾的收集、处置纳入地方公共支出的范围[③]。但随着人们生活水平的不断提高，城市生活垃圾的增长呈现与经济增长并行的趋势，废物处置成本不断提升，地方政府的负担越来越大。地方政府有极大的动力将这一部分成本从公共部门转移到私营部门。生产者责任延伸制度为这种转移提供了理论支持，特别是通过制度设计，尽可能影响到生产者与消费者的决策，从源头限制废物的增长，使其符合降低产品全部生命周期环境影响的大目标。因此该原则在发达国家很快得到环保政策的采纳，并且从少数国家扩散到整个欧盟，以及美国、日本等地。这种"自下而上"的制度建构过程使得

---

① Lindhqvist, Thomas. 2000. *Extended Producer Responsibility in Cleaner Production*. IIIEE Dissertations 2000：2；Lund：IIIEE, Lund University.

② OECD（Organisation for Economic Co-operation and Development）. 2001. *Extended Producer Responsibility：A Guidance Manual for Governments*. OECD，Paris.

③ Wilson，D. C. 2007. "Development Drivers for Waste Management". *Waste Management & Research*，25，198－207.

生产者责任制度具有显著的地方化特征，也就是说，各国各地区在设计自己的制度时往往从本地的环保优先目标出发，结合本地已有的废物管理系统的特点，以及生产者和消费者的习惯和配合度，在实践中形成千差万别的组织形式①。

从产品领域来看，EPR 制度在欧洲首先应用于具有显著材料回收利用价值的大宗废物流，如包装材料，包括铝制和 PET 类的饮料瓶、纸箱、纸盒等。通过将此类废物流从一般城市废物流中分离出来，设定回收利用率，以提高此类废物的回收利用水平。这些要求客观上为回收利用活动建立起市场，并依靠生产者责任组织（Producer Responsibility Organization，PRO）运作，这些组织向作为其成员的生产企业收取处理费用，再代表生产企业在一定的区域范围内组织回收处理活动。这种模式逐步扩展到更多产品类型，如电池、电子产品、化学溶剂、汽车，与前面提到的包装材料一起构成生产者责任延伸制度应用最广的五大产品领域。特别是在电子产品、汽车等复杂产品的生命周期管理中，生产者责任延伸制度对鼓励生态设计和提高材料全生命周期的有效管理，产生了积极影响。

旨在激励绿色创新的生产者责任延伸制度设计与旨在提高回收和循环利用的经济效益的生产者责任组织建设之间的矛盾成为目前该制度讨论的焦点。尽管两者都是政策追求的目标，但在具体操作层面，两者又存在矛盾，前者倾向于突出企业个体责任，以形成对企业绿色设计和运营的现实激励；而后者倾向于突出地方政府或废物管理部门的地方垄断性，以维持回收活动的规模经济和经营效益。两种观点存在较大的分歧，形成政策实施中的主要差异。

在发达国家的示范作用下，生产者责任延伸制度已经被越来越多的发展

---

① OECD. 2014. "The State of Play on Extended Producer Responsibility（EPR）: Opportunities and Challenges". http：//www. oecd. org/environment/waste/Global% 20 － Forum% 20Tokyo% 20Issues% 20Paper% 2030 － 5 － 2014. pdf.

中国家和地区所采纳①②。但是在制度移植的过程中，制度设计本身的内在矛盾给发展中国家和地区的实践造成了很大的困扰。事实证明，有助于强化地方政府或废物管理部门的垄断权、创造并维持处理活动的经济效益的制度实践更容易被模仿和复制。而激励产品生态设计的目标，在日益复杂的跨国生产网络中反而越来越鞭长莫及③。而发展中国家和地区普遍存在的非正式的废物循环再生实践，在机制转轨的过程中往往处于失声的状态，使得原本对废物减量化贡献良多的非正式循环利用活动，在制度移植中不仅难以从新机制下获得支持，反而生存空间被进一步被压缩④。

## 二 目标与实现机制

从中国的现实来看，上述两方面的目标当然需要兼顾，但在目标的侧重点上，毫无疑问创新激励的目标尤为重要，应该成为制度建设的引领。这是中国目前所处的发展阶段所决定的，更是推进供给侧结构性改革和制造业转型升级的基本出发点所要求的。《生产者责任延伸制度推行方案》将生产者责任延伸的范围界定为开展生态设计、使用再生原料、规范回收利用和加强信息公开 4 个方面，也体现了我国生产者责任延伸制度将激励生产者技术创新放在首位的基本意图。那么，创新激励的目标如何体现在具体的实施措施中呢？

---

① Manomaivibool，P. 2009. "Extended Producer Responsibility in a Non-OECD Context：The Management of Waste Electrical and Electronic Equipment in India. Resources," *Conservation and Recycling* 53：136 – 144.

② Manomaivibool，P. 2009. "Extended Producer Responsibility in a Non-OECD Context：The Management of Waste Electrical and Electronic Equipment in India. Resources," *Conservation and Recycling* 53：136 – 144.

③ Tong X. , Li J. , Tao D. , Cai Y. 2015. "Re-making Spaces of Conversion：Deconstructing Discourses of E-waste Recycling in China". *Area*, 47（1），31 –39.

④ Tong X. , Tao D. 2016. "The Rise and Fall of A "Waste City" in the Construction of an "Urban Circular Economic System"：The Changing Landscape of Waste in Beijing". *Resources Conservation and Recycling*, （107），10 – 17.

## （一）减量化目标与循环利用目标

生产者责任延伸制度的目标设定对实施策略影响很大。根据联合国环境规划署的废物梯级管理顺序，减量化排在首位，其次是重复利用，再次是材料循环，需要尽量避免的是焚烧和填埋等最终处置①。减量化目标无疑是生产者责任延伸制度最应该追求的，然而恰恰这一目标对于生产者而言具有两面性：一方面材料减量化的设计对生产者而言可以降低生产成本，即使不考虑废弃后的废物管理责任，对企业也是有内在激励的；但另一方面，鼓励消费是生产企业扩大市场需求的重要手段，企业甚至采用故意设计的加速淘汰策略，刺激消费者淘汰手中的旧产品，追逐更新换代。

减量化目标最困难的地方还在于现实中难以有效评估，很多情况下成功提高材料利用效率的产品设计往往并没有带来实际原料消费的下降，反而因为效率提升，产品价格下降，增加了市场消费需求，带来更大的资源消耗，也就是所谓的资源效率提升的反弹效应。这在电子产业中特别明显，电子产品的轻量化、集成化程度不断提升，价格快速下降，带来的消费更新与升级也越来越频繁，相应的废物问题也更加棘手。

正因为减量化目标难以有效评估，现实中生产者责任延伸制度的具体操作重点往往落在了提高循环利用率上。我国的《生产者责任延伸制度推行方案》也针对重点品种的废弃产品提出了规范回收与循环利用率目标，到2020年平均达到40%，2025年重点产品的再生原料使用比例达到20%，废弃产品规范回收与循环利用率平均达到50%。

循环利用目标本身的界定是非常复杂的。由于循环利用的方式多种多样，从产品的重复利用，到材料的同级循环，再到材料的降级循环，最后到焚烧回收能源，不同的循环利用方式对环境的影响差别很大，但在循环利用目标里面很难具体细分。这在规范回收和非正式回收中带来的差别尤其显

---

① UNEP（United Nations Environment Programme）. 2013. *Guidelines for National Waste Management Strategies.* United Nations Publications，ISBN 978 – 92 – 807 – 3333 – 4.

著，规范回收更强调回收过程的环境保护，而非正式回收则偏重再生资源的经济效益，两者往往不易兼顾。以电子废物为例，2014年中国列入强制回收目录的"四机一脑"① 产品（电视机、洗衣机、冰箱、空调和电脑），按照环保部统计口径计算的规范回收处理率已经接近40%，这一指标甚至已经超越了欧美②。但废弃量激增带来的回收基金入不敷出的困境也日益严重。

从根本上来说，仅仅着眼于循环利用率目标并非生产者责任延伸制度的初衷，有效改变市场激励机制，促进生产者创新商业模式，改变材料利用和产品生产消费模式才是关键。就这一点来说，工信部正在推行的电器电子产品生产者责任试点切中了这一制度设计的根本目标。③

## （二）个体责任与集体责任

生产者责任延伸制度假设了生产者对产品的整个生产消费链条具有主导性。然而这一假设在当前高度片段化的跨国生产网络组织系统下，却面临很大的困境。一旦认真探讨生产者承担的具体责任的时候，"谁是生产者?"这个看似显而易见的问题，顿时变得模糊起来。生产系统垂直分工，产品生产过程越来越细分，消费者的偏好驱动着生产者快速响应市场变化，攫取创新的超额利润。市场上部分具有较强环保理念的消费者对产品环境表现的偏好是否足以构成驱动生产者做出改变？或者生产者是否具有引导消费者关注产品环境表现的主导性？以及贴近消费者认知和需求的品牌企业与实际开展产品生产的代工企业（Original Equipment Manufacturer）能否就改变产品环

---

① 规范回收处理率仅考虑进入环保部认证的有资质的处理厂的"四机一脑"废旧产品占当年预测废弃产品产生量的比重，计算结果受废物流预测的影响较大，且由于存在非正式回收系统与正式回收系统之间的竞争，该比率的实际表现深受回收基金政策执行力度的影响。

② Zeng, X., H. Duan, F. Wang, and J. Li. 2016. "Examining Environmental Management of E-waste: China's Experience and Lessons. Renewable and Sustainable Energy Reviews in Press," on-line publish: http://dx. doi. org/10. 1016/j. rser. 2016. 1010. 1015.

③ 工信部印发《关于组织开展电器电子产品生产者责任延伸试点工作的通知》（工信部联节函〔2015〕301号），http://miit. gov. cn/n1146295/n1652858/n1653018/c3780736/content. html。

境属性达成有效的沟通协调与行动？这些问题触及了生产者责任延伸制度的治理机制困境——在这个旨在改变游戏规则的制度设计里面，到底谁更有权力、能力和执行力？谁更应该被赋权①②？

针对这个问题，生产者责任延伸制度的拥护者分成了两派，支持创新导向的一派认为，生产者"个体责任"是实现商业模式转变的关键。"个体责任"要求生产者直接承担其所生产产品的回收处理责任，不仅仅是缴纳基金或回收处理费用的经济责任，而且是直接在市场上承担回收其废弃产品的物理责任，通过这个行动，生产者也实施了向消费者传递产品环境属性，以及回收处理要求的信息责任。只有这样，与消费者直接互动的品牌企业才会有动力将循环利用作为其品牌价值的一部分，从源头设计和商业模式上做出有效的改变。

然而，现实市场情况的复杂性超出了制度设计者的预期。循环利用并非产品市场竞争的主要关注点，在市场的竞争中企业生生死死，但所有生产出来的产品最终都将面临废弃处置的环节。亟待解决的是现实的废物管理问题，最简单且易于实施的恰恰是集体责任模式。也就是产品生产企业通过加入特定形式的生产者责任组织（PRO），在缴纳了一定数额的处理费后，由生产者责任组织负责在一定的地域范围内，完成废弃产品的回收、循环和处置任务。这种模式成为现实中生产者责任延伸制度实施的主要方式。而政府实施对 PRO 的管理途径主要是提出法律规定的回收与循环利用目标，PRO 组织必须承诺达到法定的循环利用目标。通过 PRO 组织这样一种制度建构，将分散的生产者和分散的回收、循环利用和废弃物处理企业联系起来，降低了从产品销售到废弃后的回收这一过程中的高度不确定性，也提高了逆向物流组织和循环利用设施的规模经济。但生产者与实

---

① OECD. 2016. " Extended Producer Responsibility: Updated Guidance for Efficient Waste Management. " http://www.oecd.org/environment/waste/extended-producer-responsibility – 9789264256385 – en.htm.

② OECD. 2016. " Extended Producer Responsibility: Updated Guidance for Efficient Waste Management. " http://www.oecd.org/environment/waste/extended-producer-responsibility – 9789264256385 – en.htm.

际的回收循环利用活动继续保持分隔的状态，很难有动力改变现有的生产消费模式。

此外，生产者、PRO 和公共部门之间还存在目标差异。生产者一旦同意引入生产者责任延伸制度，当然希望具体执行回收任务的 PRO 能够尽量覆盖整个回收市场。首先是希望市场上所有销售产品的企业都能被纳入，从而实现公平的回收成本分担。而公共部门一般希望实现更高的回收率，使得投入的回收资金能够产生更大的效益。而 PRO 组织或者 PRO 组织委托的负责执行回收活动的机构，则并不希望一开始就设定一个难以实现的回收目标。回收目标的可行性一定程度上成为生产者责任延伸制度实施过程中的一个重要的谈判环节。形成一个具有一定弹性，并能随着制度运行而不断提升的回收目标制定方法，对于系统长期运行非常重要。

## （三）强制回收与自愿回收

生产者责任延伸制度在电器电子、汽车、铅蓄电池和包装物等产品中已经有广泛的应用。产品的差异性导致生产者回收责任的实现方式多种多样。针对环境污染风险大的产品，强制回收是强有力的污染控制措施。但广泛的自愿回收动议在驱动个体责任基础上的创新改变方面有更灵活的适应性。

在生产者责任延伸制度的设计中，中央政府涉足原本由地方政府承担的废弃物管理的责任，一个主要途径是统一回收目标和对回收率执行情况进行评估、考核、监督和制裁。强制回收则赋予了回收目标的法律约束力。特别是产品中使用材料有毒性是实施必要强制回收的主要原因。针对有毒废弃物禁止填埋、焚烧和实施安全处置的要求构成了对废弃物处理的特殊成本，并提供了企业开展材料替换的现实激励。选择产品消费后强制回收与产品生产阶段强制去除往往是两种相辅相成的政策手段，对于企业来说往往是需要强制执行的标准或要求。因此，强制回收应该针对特定的有明确环境和健康风险的物质，而不应该仅仅针对某类产品。

相反，对于具有市场稀缺性的材料或零部件，其本身回收价值就构成回收利用活动的现实激励。通过生产者责任延伸制度的引入，可以将回收过程与生产消费过程中的支出联系起来。生产企业会根据再生材料或零部件价格来评估其设计策略：开展回收还是材料替代。通过成本—效益评估，企业可以自主设计回收活动的规模和组织方式。如果回收的市场价值足以支撑实现目标回收率的回收活动，政府强制干预是不必要的，但仍然可以基于企业自愿协议建立非强制的回收体系。回收率的制定要与材料的循环利用水平相结合，按照减量化、再利用、再循环、能量回收和填埋的梯级顺序评估回收利用的效益。

## （四）生产者回收系统与地方废物管理系统

回收系统是生产者责任延伸制度中具体负责实施回收行动的技术途径。在现实中基于生产者责任建立的回收系统需要与现有的地方废物管理系统有效对接。正如前面提到的，生产者责任延伸制度建立的一个重要的现实动力来自基层公共部门希望转嫁日益高涨的废物管理的公共支出。因此，生产者回收系统与地方废物管理系统之间的联系包括资金流向和废物流向两个方面。

首先，在资金层面，生产者缴纳的费用补充了回收利用系统的成本支出，常用的资金机制包括押金返还系统、预付费系统和其他针对上游生产者的税费系统等。

押金返还系统中消费者在购买产品时会支付一定比例的押金，当产品废弃后，消费者将产品送回零售商或指定的处理商时，获得返还的押金。押金返还系统主要用于饮料瓶的回收，也逐渐用于电池、荧光灯管、轮胎和购物包等产品。零售商在押金返还机制中发挥关键作用，承担了收集废弃产品并运输到处理中心的责任，而生产者则负责循环利用和处置。材料回收价值越高，押金回收系统的自发性就越强，而返还押金占产品价格的比重越高，消费者返还的积极性就越高。返还押金还可以采用零售商自己发行的消费券，有助于扩大零售商的销售，以吸引零售商参与。

预付费系统是指生产者在销售产品时预先支付一定比例的处理回收费用，既可以通过政府基金征收，也可以通过 PRO 组织收集，用以资助回收

和处理环节的支出。预付费系统在回收处理成本下降的时候，会下调单个产品的预付费标准，还可以针对易拆解产品提供收费减让的激励，因此包含了对生产者生态设计的激励。这种系统主要用于轮胎、大型家电等使用年限较长的产品回收工作。

除了上面两种常见的资金机制以外，特定的材料税也可以起到引导企业减少使用特定的有毒材料，或者减少使用原生材料，增加再生材料利用的目的。税收收入可以用于对这种材料废弃后的收集、分类和处理，可以要求生产者承担循环处理的具体责任。例如，按照日本和法国的包装法，市政府回收和分类的支出就由材料税负担。

1998 年，专业界针对 EPR 的讨论又提出一种针对上游生产企业（包括中间产品生产者）的税，用于补贴废弃物处理，比如铝锭、纸浆等企业，类似材料税，按照材料重量征收，而不是基于产品数量，体现了废弃物流中的减量化目标，减少了产品层次的差别干扰。中国大陆的废弃电子电器产品回收基金，中国台湾的电脑和铅蓄电池回收系统的资金机制比较接近这种机制，但因为是针对产品制造商，仍然是与产品数量挂钩，而非与材料重量挂钩，因此并不能直接对减少资源消耗产生现实激励。

其次，在废物流控制层面，发达国家已经建立起了较为完备的城市公共废物管理系统，生产者回收系统需要考虑如何与现有系统进行有效衔接。欧盟各国城市公共废物管理系统的覆盖率和效率仍然存在很大差异。但事实证明，生活垃圾分类收集系统完善的国家，生产者回收系统的回收效率也较高。公众教育、环保意识和基础设施的先期投入，都对生产者责任体系的运行有帮助。

生产者责任延伸制度鼓励生产者或者 PRO 组织直接参与废弃产品的回收，从而将特定的废弃产品从传统的城市废物流中分离出来。对于再利用价值高、使用年限长的产品，生产者直接建立针对自身产品的回收系统是最符合 EPR 制度设计思想的，体现了生产者个体责任的原则。在面向商业用户的高端服务器、专业打印复印一体机等办公设备、医疗设备、通信设备时，生产企业将废弃后的回收服务与售后服务、维修、升级、内部梯级淘汰等服务结合起来，帮助用户从设备更新过程中获得最大化的收益。这类实践在业内早已非常普及，只是随着技术的进步和产品的低值化，类似的实践难以扩展到一般家庭用户使用的非专业产品。

不过，生产者组织的回收系统与原有废物管理系统之间也存在一些矛盾，比如生产者责任组织定向回收的产品往往具有更高的材料价值，这本来可以给城市公共废物管理部门带来一定的经营收入。在这种情况下，一方面城市废物管理系统就有动力强化自身在废物流向控制上的垄断权，对抗生产者回收系统的竞争。而另一方面，在城市公共废物管理基础设施不足或效率低下的国家，生产者责任延伸制度因为引入了新的资金机制，鼓励私营部门投资参与垃圾分类和处理基础设施的建设，往往刺激了相关投资，使得特定废弃物的回收处理能力过快增长。

## 三　结论

废物问题作为与现代大规模生产—消费模式相伴生的问题，在发达国家经历了长期的探索与争论，其技术解决方案和社会治理机制对发展中国家的实践也产生了深刻影响。生产者责任延伸制度体现了超越废物处置的末端环节，针对产品整个生命周期系统化解决废物增长和废物处理困境的指导思想，已经成为当今基于产品责任的环境治理模式的重要原则之一，不仅在欧洲、北美、日本等发达国家和地区被广泛采用，而且正在被包括中国在内的，越来越多的发展中国家所采纳。不同于发达国家的从包装材料等大宗废物的治理入手，逐步延伸到汽车、电子产品等复杂产品上，我国的该制度率先从电子废物的管理起步，这与我国电子产品国际市场份额的快速增长有着紧密联系。正是因为近些年来，我国在电子产品领域建立起强大的全球市场竞争力，这一领域感受到来自海外市场的环境管制和标准的压力也特别突出，企业也为之做出了积极的应对和努力，并进一步影响到国内的环境管制立法和实践。

中国的生产者责任延伸制度需要从自身产业转型的现状和目标出发，以

创新为导向，开展制度建设：在现有生产者责任延伸制度实践的基础上，以减量化为优先目标，突出生产者的主导性，一方面根据具体的环境风险，提高环境污染材料的强制回收要求，另一方面为生态设计和绿色创新提供更加灵活和开阔的探索空间。

## 参考文献

Tong X. , Yan L. 2013. "From Legal Transplant to Sustainable Transition：Extended Producer Responsibility in the WEEE Management in China". *Journal of Industrial Ecology*，17 (2)，119 - 212.

# G.12

# "两网融合"背景下再生资源
# 回收体系的挑战和机遇

陈立雯*

**摘　要：** 在谈到垃圾分类时，中国唯一引以为傲的就是拥有较高的废品回收率，民间废品回收体系在其中发挥了关键的作用。但2016年后，北京五环到六环间的大型回收市场几乎全部被拆迁，民间废品回收行业的生存空间不断被挤压，面临前所未有的挑战。30多年形成的废品回收体系，在新的形势下，如何继续发挥其优势？本文以北京为例，分析废品回收体系现状、所面临的困境，以及如何抓住"两网融合"这个契机，让民间废品回收体系持续在城市垃圾管理中发挥垃圾减量和资源再生的作用。

**关键词：** 废品回收　两网融合　民间回收

## 一　民间废品回收体系和现状

1978年，随着中国改革开放政策及市场经济的深入开展，民间以市场为导向的废品回收行业也慢慢出现了变化。20世纪50年代至70年代，供销社系统下负责废品回收的国有物资回收公司在市场经济体系下逐渐破产。

---

*　陈立雯，深圳市零废弃环保公益事业发展中心研究员。

同时，因为改革开放和农村土地实施家庭联产承包责任制，大规模人口流动出现，城市化初期，大量农村剩余劳动力开始涌向城市寻找谋生机会。来自河南信阳地区固始县、河北和四川等地的部分农民到达北京后，开始依靠捡拾或者买卖废品为生。到90年代初期，这些农村务工人员逐渐替代了原有的国有物资回收体系，成为北京废品回收行业的支柱，也逐渐建立了完善的民间废品回收体系，实现了北京废品的日产日清。

在废品回收和再利用这个链条上，有3个主要阶段，社区回收、精细分类和集中、再生利用。市场经济背景下，从20世纪80年代民间废品回收体系出现，至2012年前后到达顶峰，再到现在面临越来越多困境，北京的废品回收正经历着前所未有的考验。

1. 社区分类回收

北京城内回收废品的群体大概可以分为以下几大类：从混合垃圾里捡废品的群体，骑着三轮车走街串巷买废品的群体，固定在某个社区或者某个街道专门回收一定区域废品的群体。随着时间的变化，这三类主要的废品回收群体所占的比例也在发生变化，目前北京废品回收量最大的群体是固定在社区的回收者。

从混合垃圾里捡废品的群体又分成两大类，一类是承包了某个居民区或者商业区的垃圾收集，从混合垃圾中将可以回收再利用的废品二次分拣出来的群体。对于这些承包人来说，有的社区不向他们收取任何费用，只需要按照社区的需要，将分拣出废品后的垃圾送到指定的垃圾楼即可；还有一些商业办公楼，如果废品在混合垃圾中比重较大的话，承包者还需要向物业管理部门上缴一定的费用才能获得垃圾。另一类群体主要是从社区或者街边垃圾桶里捡废品。他们往往在可以自由出入的生活区里捡废品，北京各个旅游景点都会有专门捡废品的人。混合垃圾里拣出来的废品种类非常多，各种塑料，纸盒子和废金属都有，但因为是从混合垃圾里分拣出来的，会比较脏。旅游景点拣出来的废品主要是易拉罐和各种饮品的塑料瓶，往往比较干净。这些从混合垃圾中拣废品的群体以老年人为主。近些年随着废品价格的下降，这些从混合垃圾里拣出来的废品在总体废品回收量中所占的比例在逐年下降，目前占到整体废品回收量的2%左右。① 除了上述提到的捡拾废品的人员，部分从事社区保洁的工作人员也会从混合垃圾中捡拾废品。从混合垃圾中捡废品往往不是自己卖到专门的废品回收市场，而是直接卖给蹲点收购废品的卡车。

第二类废品回收群体主要是一群骑着改制的电动三轮车，游走于一些社区，专门买废品的人，行业里他们也被称作"游商"。他们走街串巷买废品的范围并不是随意的，往往是在一定范围内，他们比较熟悉的区域，很多周边居民也熟知他们，彼此认识。他们回收的废品种类比较多，只要下游有市场的废品，他们都会收购。也有一些群体只是专门收购某一类废品，比如电子废物或者木头。还有一些骑三轮车的人员会在某条街道的人行道上蹲点回收，车前挂着回收的牌子，周边社区居民随叫随到。这些流动或者蹲点的废品回收者，往往不受基层社区街道办事处、居委会或者物业的约束，不需要向他们上缴费用作为回收的权利，但有时会受到城管部门的约束。

还有一大类废品回收群体，他们固定在某个社区回收或者某条街道回收，回收量比起前两类群体都要大。他们回收的运输工具是四轮卡车。经营回收点一般需要两个人，要么是一对夫妻，要么是父子。他们回收所有可以卖到下游废品市场的废品，包括各种塑料、报纸、书本纸、纸箱、各种金属、衣服、玻璃啤酒瓶和电子垃圾。要取得这样的蹲点回收地点，他们需要向物业或者居委会，或者原来的国有物资回收公司缴纳一定的费用。这样的回收点，一个人负责看守回收点，对接每个来卖废品的居民，称重、结账、分类和整理收来的各种废品；另外一个人，骑着三轮车负责上门回收，这几年因为上门回收时间成本太高，他们上门回收的一般是废品量比较大的单位，还有就是普通居民家庭产生的电子垃圾，普通居民家的一般废品需要自己带到他们的回收点。大多数这样的回收者都在同一个地方回收废品多年，有的已经有近30年②，加上他们有卡车和固定的回收地点，周边居民很容易找到他们。这些回收点好比一个回收网络里的一个中心点，从垃圾桶里捡

---

① 根据多个社区固定废品回收人员访谈得知的概数。
② 和朝阳区、海淀区废品回收者访谈内容。

废品的人员会将他们的废品卖到这里，周边社区保洁人员也把他们的东西卖过来，产生废品的居民也会主动送过来，然后现金结账。

在社区或者街道有固定废品回收地点的人员，不只是有人把废品送过来卖，每天还会有一群来他们的回收点专门寻找二手物品，如：二手家具、衣服和电子产品的人员，其会在中午或者下午来回收网点寻找他们需要的二手物品。蹲点回收的人如果收到大件二手物品，比如家具，也会主动打电话给回收二手物品的人员来上门取货。

除此以外，有的附近居民也会到回收点寻找他们需要的二手物。通过这种方式，废品回收点中可以再使用的二手物品可以被回收，从而进入二手市场。

2. 废品回收交易和精细分类市场

从社区回收的废品，除了一部分进入二手市场之外，剩下的废品都进入废品回收市场，然后进行进一步分类和量的集中。经过近 30 年的发展，到 2012 年北京拥有大小规模不一的废品回收市场近 200 家。[①] 北京的废品回收市场有两大类，一类是针对经过分类后直接再生利用的一般废品回收市场，回收废纸、塑料、金属、衣服和玻璃等；另外一大类是电子废物拆解市场。

废品回收市场承上启下，功能主要是接收社区回收的废品，然后精细分类，经过分类和量的集中，甚至是有些废品只需要简单的物理加工，为下一步的再生利用做准备。位于北京城中村的废品回收市场一般都是由个人或者从事废品经营的公司，承包下村里的一块土地，建设成为废品交易市场，然后分包给具体从事某一种或者两种废品回收的个人。根据土地面积不同，承包来的市场被切割成不同的小块，专门从事具体种类废品回收的人员会租下一块一块的地，从事他们收购废品的精细分类工作，行话他们被叫作"座商"。每个摊位承租人所要经营的废品种类都是自己确定，但市场管理者对同类废品收购摊位有一定量的限制，比如每个市场一般只有一家泡沫塑料回收摊位，避免数量过多造成不正当竞争，或者不能生存下去。这些座商回收

---

① 访谈专门从事软塑料回收，需要全市跑市场的人。

某一种或者两种废品，大的市场可能有上百家摊位，有的专门回收废纸；有的是塑料，塑料的回收摊位又细分为各种饮料瓶的塑料制品、各种硬质塑料、泡沫塑料和软塑料几大类；另外一个大类是各种金属回收摊位，如废钢铁、废铜、废铝等都是单独的摊位；有的摊位的业务是兼收各种铝、铁易拉罐和玻璃瓶；还有的是衣服和木头等回收摊位。

废品回收市场的人员一天的工作从分类开始，一天下来要完成所有的废品分类工作。硬质塑料的分类最多样，每个摊位上都摆着 20 个以上的筐，很多分类的人熟练到通过肉眼或者在瓶上敲击下声音就可以判断出是哪种材质的塑料，不抬头也能扔到正确的分类筐里。废纸回收摊位要将书本纸、报纸和铜版纸分开，因为纸箱收来的时候就已经分类好了，只要打包就可以了。大部分金属摊位除了分类以外，一般要把分类后的金属压缩成块，便于运输。

经过分类后的废品，每个摊位根据自己量的积累，要么自己运输卖到下游再生利用的企业，要么有人来到他们的摊位购买。因为每个摊位都是长期经营的，他们和上游社区的废品回收人员、下游再生利用的人员都有频繁的业务往来。

随着北京城市化的发展，废品回收市场也在不断拆迁转移，从最初 20 世纪 80 年代的三环周边到 90 年代的三环到四环之间，再到 2000 年后的五环外。每拆迁一个市场，就会有 20% 左右的人员离开废品回收这个行业。[①]

3. 下游再生利用

北京产生的废品经过社区收集、废品回收市场的精细分类后，都送到外省再生利用。其中，多数硬质和软塑料都是在距离北京较近的河北处理；废纸的再利用有的在河北，有的在山东；大多数金属类废物也是送到河北周边的冶炼厂；其他量少一些的衣服和玻璃等也都是在北京周边的省份再生利用。

有些废品的再生利用是由家庭作坊式企业完成的，再生利用的过程也产生了诸多污染，包括水、空气和土壤等。比如在廊坊文安地区的硬质塑料的

---

① 2012 年后在北京昌平区东小口和东三旗等地的废品回收市场拆迁前访谈回收市场人得到的概数。

再生利用，因为污染问题，2011 年的 7 月，一月之内所有塑料分类和清洗产业都被关停。

毫无疑问，这些污染应该得到重视，应该治理，但一刀切式的强制关停并没有从根本上解决问题。文安的塑粒再生产业 2011 年关停后，被转移到周边县、乡村更加隐蔽的地方，污染没有根治，只不过是被转移了而已。从现实出发，在原有系统之上，做好污染控制管理才是根本出路。

## 二 现有回收体系自身无法解决的问题和困境

20 世纪 80 年代后来北京工作的个人所建立的民间回收网络，随着北京市经济发展和城市化的扩张，经济和政策因素的影响，生存空间被挤压得越来越小，面临着一些他们自己本身无法解决的困境。

1. 城市化中不断被挤压的空间

在废品回收再利用的几大环节里，目前都存在一些仅仅依靠市场无法解决的困境。

从 20 世纪 80 年代开始，废品回收一直是市场导向，追求的是废品回收的经济效益。城市化过程中，废品量的不断上升，造就了北京无缝连接的废品回收体系，回收队伍不断壮大，新进城的农村人口也不断进入这个行业，很多第一代废品回收群体中也有大量后代继续从事这个行业。但 2008 年全球金融危机后，废品回收也遭受重创。从那以后，不同种类的废品价格都出现滑落的现象，2014 年后情况恶化更加严重，很多废品价格直到现在也没有回升。比如废混合塑料价格在 2016 年已经从 2008 年以前的每公斤 3 元多降到 1 元左右，废钢铁也是如此。

在废品回收链条中，最无力承担价格风险的就是最前端的社区回收者。2014 年下半年到 2016 年，在北京城区，走街串巷回收的群体因为无法赚到维持基本生计的钱，有近一半已经离开这个行业。① 在社区固定回收废品的

---

① 2016 年夏天与多位走街串巷废品回收者访谈后的概数。

人中，如果他们所在的社区住户较少，废品产生量不足以达到一定量的话，也有大部分离开。在朝阳区安苑里周边社区就出现了这种情况。如此一来，直接导致的后果是，很多原本有废品分类习惯的居民开始直接将其丢进垃圾桶里了。

而作为承上启下环节的废品回收市场，除了受到废品回收价格下降的影响外，还受到北京城市发展政策的影响。到 2016 年夏天，五环到六环之间的废品回收市场，大多逃不开被拆迁的命运，以北京北部的昌平区为例，存在了 10 年多，有 100 个以上回收摊位的东小口和东三旗市场都被拆迁。

2014 年，北京市出台的《北京市新增产业的禁止和限制名录》里，再生物资（废品）回收和批发被列入禁止新建和扩建行列。如果说过去几十年里，废品市场经营者们可以通过租赁的方式解决土地使用的问题，尽管不稳定，但还可以维持，那么北京市政府出台的这道禁令让他们彻底没了去处。"我们有 20 多年的废品回收市场经营管理经验，也可以根据政府的要求改进市场的模式，但因为禁令，我们申请不到任何形式的经营执照，即使有土地也不能做事情"，曾经在东小口经营废品回收市场的言先生，说起 2014 年的这道禁令透着无奈。

同样，北京以外的废品再生利用环节也无法幸免。除去经济因素，环境保护政策的变化也直接影响了再生资源的利用。近些年北方地区在治理空气污染时，大量作坊式企业被关停。当作坊式再生利用环节被关闭时，并没有其他能有效控制污染的替代经营方式出现，等同于再生利用环节被切断。这样做的直接后果就是，前端产生和回收的废品短期内没有地方可去，价格被再次压低，很多可以再生利用的资源被丢进垃圾桶成为垃圾。

上述困境短期内导致的直接后果是，大量有回收再生利用价值，但价格太低的废品，无法得到回收，最明显的就是这几年废玻璃瓶无人收购的境况。这些不能回收的废品的命运就是进了垃圾桶，混同其他垃圾最终进入垃圾填埋场或者焚烧厂。

2. 废品分类回收意识的变化

在谈到垃圾分类时，中国唯一引以为傲的就是拥有较高的废品回收率。

这个较高的回收率一方面是来自前面介绍的民间废品回收网络，另外一个重要的因素就是居民能够主动在家里将废品单独分出来，两者互补存在，缺一不可。然而近几年前者的变化，直接影响了后者的分类行为。

废品回收行业萎缩，废品价格下降的同时，产生了另外一个严重的后果，就是源头废品分类率下降。因为上面提到的废品回收的困境，居民的废品投放方式也在发生变化，直接表现就是很多居民不再单独把废品和垃圾分开，然后卖给废品回收人，而是混同垃圾，直接丢进垃圾桶。不只是低价格的废品，很多高价值的废品，比如易拉罐和饮料瓶等，也被扔进垃圾桶，这种变化使得北京的废品回收率整体在下降。据北京市垃圾主管部门透露，过去一两年，北京垃圾的增加量中有近6%是可以回收再利用的废品。

这种废品单独分类意识和行动的变化，短期内可能是废品回收量的减少，但长期来看会更加糟糕，因为当一代人不再做废品分类的时候，他们的下一代也会选择将其丢到垃圾桶里。这与我们目前所提倡的人人参与垃圾分类的精神是背道而驰的。

要扭转目前家庭源头废品分类和民间回收体系都严重下滑的境况，我们急需直面现有民间回收网络所面临的困境，以市场为导向的废品回收体系需要结合垃圾分类管理、资源管理思维。让富有多年回收经验的现有群体发挥他们的优势，同时转换角色，成为协助废品回收的宣传者，让公众的自觉分类能和他们的分类回收网络有机结合。

## 三 垃圾分类管理和民间回收体系的融合

随着城市化的进程加深，过去30来年的民间废品回收网络不断完善和壮大，成为城市废品回收的主力军。到2014年左右，北京的废品回收从业人员几乎达到高峰，接近30万人，分布在废品回收链条的各个环节上。2014年以前，北京的废品回收市场总是有新人进来，但之后相反的现象出现，不但进城找工作的人不再进入这个行业，原有体系中大量从业者因为废品回收市场拆迁等原因纷纷退出这个行业。2016年后，北京市区近一半走街串巷的回收人员离开这个行业，北京五环到六环间的大型回收市场几乎全部被拆迁。因为这几年的大规模拆迁，20%左右的座商也离开相关行业，转向其他服务行业，或者离开北京到其他地方寻找继续回收废品的机会。①

30多年形成的废品回收体系，在新的形势下，如何继续发挥他们的优势？这个转折期，在新的垃圾分类管理形势下，民间完善和高效的回收网络应该被充分吸纳，而不是被排除在外。

1. 两网融合是改善现有问题的契机

随着垃圾分类被提上日程，在街上或者社区里都有放置"可回收物"垃圾桶。实际上，废品是可回收物的俗称。因为目前在中国的垃圾管理系统里，丢到垃圾桶里的垃圾和"可回收物"并不是一个管理系统。垃圾桶里的垃圾，都是归到各个城市的环卫部门收集和清运，最终收集到城市的垃圾末端处理系统，进行生化处理，填埋或者焚烧。环卫部门划归每个城市的城市管理委员会领导管理，上级是住房和城乡建设部。这意味着可回收物这个垃圾桶并不发挥作用，丢到"可回收物"垃圾桶的垃圾如果没有被捡废品的人捡走，最终会被环卫部门送进填埋场或者焚烧厂，而不是被回收再利用。而废品回收则是归商务部门管理，也就是各地的商务委员会，其上级是商务部。

废品回收体系目前的困境不是单独现象，混合垃圾处理的问题更是繁多。随着混合垃圾处理面临越来越多来自环境保护的争议和挑战，垃圾分类成为民间和官方的共识。在垃圾分类的讨论里，近几年出现了"两网融合"，即垃圾主管部门主管的垃圾处理业务与废品回收主管部门主管的废品回收业务相融合，简单来说就是环卫体系和再生资源回收体系相结合。

笔者认为，"两网融合"是一个将废品回收纳入垃圾分类管理层面的重要契机，我们应该抓住这个契机，让原有的回收体系在其中发挥优势和作用。"两网融合"是为了实现更好的城市固体废物管理。目前两网融合讨论

---

① 2014~2016年，笔者走访即将被拆迁废品回收市场访谈时得到的信息。

较多的是垃圾处理部门如何接棒废品回收业务，地方环卫部门和垃圾处理企业如何到社区里收废品，并没有提及任何关于已经存在的废品回收体系。但废品在城市总体固体废物产生量里占有较大比重，现有的民间废品回收体系又具有诸多优势，我们不应该盲目地忽视这个体系和人群的存在。

2. 不可舍去的民间回收体系

废品种类之多无法细数，仅是硬质塑料就可以分到几十类。精细分类是废品再生利用的基础，目前民间回收体系的最大优势也在于其完善和发达的分类体系，社区收集时可以做好粗分类，废品回收市场在这个阶段可以分类收集和精细分类。

而目前异军突起的互联网回收也好，固废回收企业也好，各种回收策略前端依赖智能回收桶，中端依靠机械分选，这些尝试有可取之处。但废品回收的基本在于最大限度地分类，即将如此大量的废品有效地分类收集和处理。从这一点来讲，环卫体系和其他形式的垃圾收集和处理企业都无法做到。抛开现有的民间回收体系，重建一套排除民间群体的废品回收体系是不现实的，且浪费人力、物力和财力。最明智的做法就是利用好现有回收体系，改进其不足之处，补齐其无法实现的回收目标。

两网融合中关于废品回收环节要做好两个规划，一是吸纳现有民间回收网络，将其视为政府做好分类管理的重要力量。这不需要政府收编等表面形式的改变，只需要政策保障现有回收人群能够继续在回收链条上开展工作。二是高屋建瓴地出台支持建设废品回收中端精细分类和后端再生利用的硬件设施的政策，解决其土地使用无法稳定的困局。在土地使用上要给目前废品回收和处理等同于垃圾处理的同等政策支持，把废品回收市场这个精细分类的中转环节作为基础设施建设来对待，将废品回收场地作为市政基础设施用地来考量。

对于再生利用环节的问题，因为涉及种类较多的加工产业布局问题，面对目前北京市加工业几乎流失殆尽的现状，市级层面是否可以解决目前的问题是值得商榷的。这需要改善和调查区域间废品再生利用加工业布局，是通过原有的区域静脉产业园，还是北京市目前各区建设的循环经济产业园来解决再生利用的问题，需要出台因地制宜的政策。2012 年后实施的电子废物拆解机制政策，值得其他废品再生利用政策制定者们借鉴。

总之，政府相关部门应该投入更多精力，将废品回收场所需要的硬件设施作为市政基础设施建设来投资和管理，而不是简单地将其定义为低端产业，堵住其生存的空间。充分吸收原有的回收人员和回收系统的优势，在保证其稳定持续运行的前提下，让他们继续发挥作用，这样，废品回收就可以在我们的城市垃圾管理中发挥更好的垃圾减量和资源再生的使命。

# 公 众 篇

**Publics**

# G.13

# 民间零废弃行动集萃

孙敬华 *

摘　要：　在垃圾问题日益严峻、各地多年来由行政手段推动的垃圾分
　　　　　类收效不明显的背景下，全国有不少民间力量在以各种方式
　　　　　践行着零废弃理念，以实际行动验证着零废弃的可操作性和
　　　　　效果。这些环保 NGO、社区、学校、企业的实践经验，具有
　　　　　可复制性，可使更多人看到：零废弃目标并不遥远。

关键词：　垃圾减量　垃圾分类　零废弃

进入 21 世纪以来，我国的垃圾问题日益严峻，垃圾总量快速增长，

---

＊ 孙敬华，自然之友公众行动中心垃圾减量项目主任。

越来越多的地区陷入垃圾围城、垃圾围村。虽然各个城市的垃圾分类工作已做了许多年，出台过相当多的地方规定，可惜始终收效不大。民众参与率很低，全社会普遍对垃圾分类缺乏信心，"垃圾分类太难""总是止步不前、周而复始""不焚烧怎么办""分了又能怎样"的负能量信息不停出现。

与此同时，民间零废弃的实践者们一直在努力，以各种形式推动着垃圾减量及垃圾分类行动，其中一些成功案例，不仅值得大家借鉴、学习、复制，也可以用来说服政府、公众、媒体，鼓舞同行伙伴："面对中国的垃圾问题，垃圾减量和分类是一条必行而且可行的路径！"

本篇文章将介绍几个典型的民间零废弃实践案例，他们的经验可以帮助更多实践者找到垃圾减量的突破口。

# 一 社区，最基层的行动力

家庭是居民生活垃圾产生的源头，居住小区（社区）是市政垃圾收运的起点。因此，社区是城市垃圾分类工作中最基层的单位。只有各个社区真正行动，"毛细血管"畅通，整个城市的垃圾分类才有可能收到成效。

但现实的困难非常明显：社区居民庞杂、管理者（物业或居委会）和居民大多缺乏分类意识和动力、垃圾分类制度仅靠动员而没有强制性、宣传教育失效、市政后端分类运输处置能力跟不上等各种阻力，使得各地的社区垃圾分类多年来原地踏步，成为最难啃的骨头。

面对困境，零废弃实践者们根据本地实际情况，与政府部门沟通合作，集多方之力，以不同的形式推动着社区垃圾分类工作向前迈进。

## （一）上海爱芬环保的"三期10＋步法"

上海的垃圾分类为"2＋X"，即在干湿分类基础上，增加有害、可回收物等分类项目。

上海在2010年提出"人均生活垃圾处理量以2010年为基数每年减少

5%"的硬性指标,并将此指标分解落实到每个区县;2011年提出"争取2015年人均生活垃圾处理量控制在0.8千克/日左右,比2010年减少20%以上。"在此背景下,垃圾分类工作得到重视,"硬指标"极大调动了基层政府部门(街道、居委会)的积极性,催生了基层政府购买社会组织垃圾分类服务。爱芬环保在此背景下孕育而生,其专注于社区垃圾分类减量工作,并在实践中逐步摸索出一套在社区开展垃圾分类有效的工作方法——"三期10+步法"(方法创立时操作流程分为十步,但经过不断改善后不限于十步)。实践证明,只要认真执行每个步骤,此方法行之有效,能极大地促进垃圾分类的效果。

"三期10+步法"的具体步骤(以樱花苑社区为例)。

1. 导入期(约3个月)

(1)成立"垃圾分类指导小组"。成员一般3~5人,由居委会、业委会、物业、志愿者、党员和积极居民组成,负责本小区垃圾分类工作的决策,提供资源和支持。

(2)组建"垃圾分类志愿者小组",负责执行宣传和垃圾分类值班监督工作。

(3)前期调研及业主意见征询。采用问卷调查、垃圾桶称重观察等方式,摸底排查,了解居民分类认识和意愿、小区垃圾量、居民投放时间习惯等信息。

发放问卷既是调研也是告知和宣传,更是寻找志愿者的机会。进行过意见征询的小区,垃圾分类更易获得业主支持。

(4)宣传垃圾分类的重要性,是获得居民支持的第一步。

(5)硬件改造。爱芬改造社区内老旧的垃圾箱房,使其标识鲜明、居民易识别。在垃圾箱房增建洗手池,方便居民除袋后洗手,促进居民接受"湿垃圾除袋"这一流程。

(6)撤桶并点。垃圾投放点越多,分类效果越差。樱花苑"撤桶并点",把8个垃圾投放点减少为3个。虽然给居民投放造成不便,但经过不断动员说服,居民很快调整了投放习惯。

（7）培训动员。激发志愿者和居民的热情、积极性和责任感。

2. 执行期（约2个月）

（1）发桶。上海市政府为每户配送一个湿垃圾专用桶。发桶是最好的宣传机会，一对一宣传，面对面指导，保证了居民的知晓率。

（2）志愿者值班和保洁员二次分拣。

每天投放垃圾最集中的时间为6:30~9:00、17:30~20:00，志愿者在垃圾箱房处指导居民投放，还对分类做得好的居民进行记录，定期给予奖励。一个月后，如果分类率明显提升，就减少值班时间。每个志愿者都是一面旗帜，是宣传员、指导员和监督员，他们用行动感染和影响居民。

肯定会有少量居民不分类，这就需要保洁员进行"二次分拣"的"托底工作"。

志愿者和保洁员的身份并不重叠。前者做宣传引导监督，后者做托底工作。

（3）执行期的其他举措还包括以下几点。

每周开一次例会；将垃圾分类情况通过社区公示或广播及时传递给居民；通过茶话会、表彰会对志愿者表示感谢、发放小礼品和工作补贴；组织志愿者和核心成员参观垃圾中转站及焚烧填埋场。

进入执行期一个半月之后，通过垃圾称重、分组分析及观察等，对社区垃圾分类成果进行评估调研。此外还有入户动员，调研评估显示，湿垃圾分出率由入户动员之前的33.6%提高到42.7%。

3. 维持期

执行期两个月之后，大多数居民已经养成较好的分类习惯，爱芬撤出社区，项目进入维持期。

但维持期持续一段时间后，居民分类率会下降。需要居委会与各方协调，成立长期的志愿者小组，巡逻值班，提醒居民。物业也要督促保洁员进行二次分拣。

爱芬认识到，垃圾分类是一场长期的、只有开始没有结束的工作，只有确立各项管理制度并保证其有效执行，才能维持之前垃圾分类的成果。

## （二）"互联网＋"，成都绿色地球与南京志达的经验

上海爱芬环保是从厨余垃圾入手，而成都绿色地球与南京志达这两家企业则是主打可回收物的分类回收，三者的共同之处都是通过政府购买服务的形式参与社区环保。

成都绿色地球采用可持续的商业模式、二维码实名制垃圾分类流程推行垃圾分类。通过现场活动、积分回馈、分类设施与收运服务，降低居民的参与门槛；鼓励、扶持更有效的后端分拣流程和再生处理技术，提高回收物的再生利用率并降低对环境的损害。

第一步，为每个家庭发放二维码，配备用户垃圾分类手册，清晰标注出可回收物的种类。居民将整理好的可回收物贴上二维码投入绿色地球的收集箱，就可以获得积分、兑换礼品。

第二步，绿色地球坚持建立一套独立的收运体系，确保已分类的垃圾能够得到有效处置。

第三步，收运的垃圾会统一运往绿色地球分拣处理中心，称重扫描后再做细分。半自动分拣线将回收的垃圾分成40余类，再集中打包销售至可靠的再生资源工厂。

第四步，居民的积分可以兑换礼品。

绿色地球垃圾分类模式的优点有以下几方面。

（1）简便：无须细分类，只需将可回收部分投放，用户参与门槛低，更易接受、实践。

（2）科技：在通过二维码识别用户、积分奖励的同时，也方便统计分析城市居民的垃圾分类数据，为政府机构制定和推行垃圾分类政策法规提供参考。

（3）专业：建立一套独立于市政垃圾收运体系的收运系统，并通过后端集中式流水线分拣，最大化提高资源利用率。

（4）持续：积分极大地激励了用户的持续参与，公司销售可回收物的收入也可支撑用户积分反馈和运营开支，实现循环经济。

目前，绿色地球的营收有三个来源：政府采购服务、再生资源销售、商业合作。项目前期对政府采购收入依赖较大，但预计经过培育期后，项目仅靠后两个收入来源，也可做到长期可持续。实现自主运营，是绿色地球一直努力的方向。

南京志达公司将资源回收服务的触角延伸进小区、家庭，解决了资源回收"最后一公里"的问题。

志达为居民发放积分卡。厨余垃圾定时定点投放，每天早上居民将厨余垃圾送到社区积分点称重登记，去袋后倒入"厨余垃圾"桶，将袋子丢入旁边的"其他垃圾"桶，则可获得 1 个绿积分，每积攒 3 个绿积分可换取一个鸡蛋。

每个小区每周开展一次可回收物回收活动，工作人员定时定点收集、称重后计入蓝积分，蓝积分可以兑换蔬菜和生活用品。

目前的奖励措施是为了鼓励居民参与，未来并不会长期实施。志达希望脱离"奖励期"之后的居民依然可以维持垃圾分类的好习惯。

## 二 化作春泥更护花——园林废弃物的资源利用

我国城市的园林废弃物（绿化垃圾）产生量大，分类处理能力有限，再利用比例低，资源浪费严重。大部分枯枝落叶与其他垃圾混合，被填埋或焚烧。以北京市为例，2015 年约 45 万吨园林废弃物得到资源利用处理，仅占全市资源总量的 15% 左右。

### （一）"为省钱做堆肥"的北京金榜园小区

北京市昌平区金榜园小区，在和谐社区发展中心帮助下，从 2014 年起开展"省钱又实用"的落叶堆肥，不仅将落叶变废为宝，还节省了物业费用，既"利己"又造福环境。

金榜园做落叶堆肥的初衷是为了"省钱"——环卫垃圾清运按车次付费，5 万平方米的社区绿化，落叶量大，每年运走落叶需花费 2 万元。

10 余年前，上级单位曾给金榜园等小区派发了价值 10 余万元的厨余堆肥机，能在一天之内成肥。但机器耗电量大，还需持续购买价格不菲的发酵菌种，各个社区都经费不足，最后不得不当作废铁卖掉了。

而落叶堆肥不需要昂贵的投入。最"简陋"却最实用的堆肥法，几乎不用花钱。

首先，用物业现有的粉碎机（价值 4000 ~ 5000 元），将大片的落叶打碎，使其能更快发酵。之后，在小区闲置的土地上挖两个长 5 米、宽 1 米、深 1 米的堆肥坑，把粉碎过的落叶一层层填进坑里，坑填满后继续添加落叶，直到肥堆高于地面半米至 1 米。边填落叶边浇水，保证叶子湿润。物业还用果皮菜叶等厨余垃圾制作了环保酵素，洒在落叶堆里加快发酵。

肥堆上面盖塑料布并固定，以防止大风吹走落叶。当肥堆过于干燥，就再次加水，保证湿度。春节期间，物业还派人专门值守，以免鞭炮火星引发火灾。

经过冬天的堆肥期，落叶在天然微生物作用下，逐渐腐熟发酵，再经过春天，就成为黑色的肥料。物业将其撒在社区绿地里改善土壤，并把肥料送给喜欢种植的居民，深受欢迎。

金榜园落叶堆肥，收获的不仅仅是节约下来的 2 万元钱，更让居民亲眼得见，落叶原来可以变成宝，堆肥原来并不臭，环保原来这么简单！而且，低成本、易操作、见效快的环保方案，更激发了物业公司的主动性。从落叶堆肥开始，物业、居委会在和谐社区发展中心帮助下，又开启了可回收物分拣、有害垃圾回收等环保行动。

### （二）师生共建秘密花园——武汉二职校园堆肥

武汉第二职业教育中心学院（以下简称"武汉二职"）的英语教师罗文，七年来带领学生环保社团，在校园开展通气式堆肥和种植活动。

武汉二职校园面积很大，春秋两季落叶非常多，食堂的厨余垃圾也没有单独收运渠道，都与其他垃圾一起被环卫部门混合拉走。另外，校园绿化用土大多是黄泥混合建筑垃圾回填，土质差，植物生长不理想。

罗文老师组织成立了根与芽学生小组，清理出一小块卫生死角，把废旧门窗桌椅的木头钉在一起，买来渔网蒙在四周，制作成低廉简易的堆肥栏。

一开始学校并不认可，担心堆放树叶等生活垃圾影响校园环境。经过一年的实践，土壤改良初见成效，板结贫瘠的土壤变肥沃了，香草和花卉欣欣向荣。小组得到学校认可。

师生们还对堆肥温度进行测量，改变材料比例和菌种类型观察变化差异。经过一轮又一轮堆肥，逐渐掌握了更高效的堆肥方法。

目前武汉二职的堆肥栏占地面积十多平方米，每年可处理约2吨垃圾，包括食堂全部的生厨余和校园大部分落叶碎草；种植超过六十种香草、花卉、果树等；肥料越做越多，自己的小花园用不完，每年还分享给本地花友数百斤有机肥。

除了垃圾减量、土壤改良等成效之外，师生们的小花园也成为"环境教育基地"。丰富的植被吸引来越来越多的动物，生态环境得到改善。罗文老师带领同学们开展自然观察、做"自然笔记"，将《废弃物与生命》垃圾减量课程带入校园；还外出做公益讲座，指导其他社区和学校开展堆肥。其社会影响力吸引了越来越多的园艺爱好者加入家庭堆肥行列。

**附：校园通气式堆肥法**

优点：处理速度快，消化垃圾量大，基本没有气味；需要较大的空间，适合学校、社区或者私家庭院。

可收集的材料：①枯枝、落叶、碎草；②果皮菜叶等生厨余。

选择地点：墙角或树荫下，避免阳光暴晒或雨淋，下方为自然土壤。

堆肥容器：可用大塑料桶、铁桶（底部和周围打洞透气），也可以用木条、铁丝网、空心砖等围成堆肥栏，长宽高在1米左右最合适。

制作过程：按照树叶—菜叶—洒水的顺序分层添加堆肥材料，直到装满为止。堆肥期应洒水保持湿润。

每个月整体翻动一次，使全部材料充分接触空气，加快发酵进程。发酵过程中，肥堆温度可达到40℃~60℃。如果湿度和比例合适，夏天约3个月，冬天4~5个月就能做出黑色松散的泥土状的肥料。

## 三 零售行业的零废弃实践

无论是在传统的零售业中，还是在新兴的电子商务里，都有一个"垃圾重灾区"——商品包装物泛滥。有一部分商家已经意识到问题的严重性，开始尝试做出一些改变。

### （一）快递包装的减量与再利用

近年来，我国网购和快递业迅速发展，导致快递包装物大量增加。据统计，2016 年快递业消耗编织袋 44.8 亿条、塑料袋 125 亿个、包装箱 150 亿个、胶带 257 亿米、缓冲物 45 亿个。不仅造成了资源的巨大浪费，还使得垃圾处理的压力剧增。快递塑料袋、胶带、缓冲物等塑料产品在使用后难以回收，只能填埋或焚烧；很多纸箱也因为缠绕大量胶带而无法再生利用。

关于快递包装减量，目前尚缺乏相应的法律法规和有效的行业激励机制。但也有一部分电商企业开始了探索。

阿里巴巴发起成立的物流联盟"菜鸟网络"，为了减少封箱胶带的使用，在其仓配体系内逐渐采用免胶带的"拉链式"纸箱来替代传统纸箱。在快递包装物回收方面，他们在全国 10 个重点城市开展天猫超市的纸箱回收，符合条件的箱子会被贴上环保标志作二次利用。

京东通过压缩包装耗材的尺寸和面积减少材料成本：推出"瘦身胶带"，将封箱环节中所用的胶带宽度由 53 毫米降至 45 毫米，此项改进使京东在 2016 年减少至少 1 亿米的胶带使用。北京一撕得物流技术有限公司则研发出一款波浪双面胶代替不可降解的透明胶带，从而减少塑料胶带对纸箱回收的阻碍。

京东、顺丰优选、1 号店等电商都曾在一定时间、一定范围内开展过回收快递箱的活动，但因人力成本高、污染控制难等因素，都没能大范围、长时间开展。

一些生鲜食品配送企业，快递员会把冰袋、包装箱等当场拿走，实现了包装物的重复使用。

另有多家电商在尝试推广可降解塑料包装袋时，由于我国目前对可降解材料缺乏明确标准，市面上很多"可降解包装"只是部分降解，剩下的部分反而由于碎片化而造成更大的问题；此外，即使是真正完全可降解的包装，也会因为缺乏单独的回收体系，而和普通塑料包装一样进入填埋场或焚烧厂，无法真正进入降解处理环节。

2017 年 7 月 24 日，国务院法制办公示了《快递暂行条例》（征求意见稿），公开向社会征求意见。多家环保组织已经提出意见，希望在政府主导下，按照垃圾管理的 3R 原则，建立快递包装管理体系。

### （二）不用塑料袋的菜市场——北京有机农夫市集

自 2008 年 6 月 1 日起实施的"限塑令"规定，在所有超市、商场、集贸市场等零售场所实行塑料购物袋有偿使用制度，一律不得免费提供塑料购物袋。但在实际操作中，集贸市场和小型超市仍有免费塑料袋提供，居民普遍没有自带购物袋的习惯，"白色污染"问题依然很严重。

北京有机农夫市集长期以来倡导顾客自带购物袋、全体商家禁用免费塑料袋、募集闲置"二手袋"提供给没有带购物袋的顾客（即"二手袋 Bag it forward"项目）。在两年时间里，仅在周末市集上就减少了 20 万个购物袋的浪费。

从呼吁自带购物袋来赶集、鼓励大家捐赠闲置的购物袋给没有带购物袋的集友，发展到联合所有农友，不再在市集现场提供不可降解的一次性塑料袋，北京有机农夫市集的决心非常坚定。

为了让农户认同减塑理念，市集组织农户观看塑料垃圾污染的环保纪录片，请自然之友的老师介绍垃圾减量原则，使大家了解到不可降解的塑料制品所带来的环境问题；之后召开几次集体讨论会，针对市集不使用塑料袋可能会造成的影响，制定应对方案；最终说服所有农友同意不在市集上提供塑料袋。

同时，市集定制了一批需要付费使用的可降解购物袋作为分装袋使用，

每个 5 角钱，用以提醒大家：每一点资源消耗，都需要付出代价；现有资源的合理利用，才是减少垃圾数量、践行可持续生活最好的方式。

在市集停止提供塑料袋、并对可降解购物袋收费之后，来赶集的老顾客基本都习惯了自带购物袋。但难免会有一部分新顾客没有准备，当他们来市集接待处"借用"别人捐赠的二手袋时，志愿者都会提醒：下次要把购物袋还回来，而且请把家里闲置的购物袋也带过来。这样，越来越多的消费者积极参与到捐赠二手袋的行动中来。

市集还在尝试更多方式，促进资源回收再利用。目前农场的鸡蛋托、牛奶瓶、罐头瓶、包装盒、送菜箱等，都由农户回收再利用。经常提醒来赶集的"集友"，也将家里攒下来的干净结实的纸箱、泡沫塑料保温箱、快递用的泡沫塑料填充物、冰袋等，带来捐给农友重复使用。市集还和"同心互惠合作社"合作，接受二手衣物、图书、日用品的捐赠。

2017 年起，市集还推出了"打酱油"系列活动，顾客可以自带容器以优惠价格购买酱油、豆浆、米酒、醪糟、洗发水、洗碗液等，从根本上减少了包装物的使用。

经统计，在市集坚持推行"二手袋 Bag it forward"项目的两年时间里，仅在周末市集上，就至少减少了 20 万个购物袋的浪费。这个项目也提醒更多人：原来我们在不经意间造成了如此多的浪费。

## 四　大型活动、赛事中的垃圾减量实践

近年来，国内大型社会活动和路跑、越野跑等赛事的数量迅速增长，因活动的临时性，常使用大量一次性用品，活动物资缺乏合理管理，造成资源浪费、环境污染等问题。宜居广州的"活动零废弃"项目、自然之友的"零废弃赛事"项目，都是基于此背景而诞生。

### （一）活动零废弃，让活动垃圾减量80%

宜居广州 2015 年启动的"活动零废弃"项目包括：活动前期策划阶段

提供垃圾减量和重复利用方案、活动现场提供分类回收和处置服务等，从而使最终送去填埋或焚烧的垃圾数量减到最少。

首先，提前介入活动前期工作，与主办方确定目标，在平衡成本与参加者体验的情况下，按照"3R"原则制定活动零废弃方案，对活动物料提出符合各方需求的活动零废弃方案，其中以源头减废最重要。

现场依每场活动的废弃物种类和当地后端处理情况，因地制宜地设置相应的分类方案，尽可能方便投放、回收更多资源。一般分成厨余、可回收、其他垃圾三类。

现场细节设计让垃圾分类简单而有效：分类点设在容易产生垃圾、方便参与者看到和投放的地方；布置尽量显眼、易于识别；还要营造良好分类环境，防止"破窗效应"。

活动结束后，对接可靠的后端处理系统，并把对接情况反馈给参加者，用事实增强参加者的信心。

自2015年以来，宜居广州已参与开展5场"零废弃活动"，直接参与人数超过1.3万人次，收集废弃物共1870.6千克，其中厨余垃圾（688.7千克）和可回收物（866.4千克）被再生利用，资源回收率达80%以上。

### （二）赛事零废弃，踩出一条绿色的跑道

自然之友2016年启动的"零废弃赛事"，专注于城市路跑及越野赛的垃圾减量。

在充分考虑跑者体验与主办方利益的前提下，自然之友对前期物资筹备、垃圾减量、垃圾分类、物资回收等各环节分别制定环保目标。针对不同赛事具体情况，积极尝试、逐步推进，对一些有悖于零废弃但暂时无法改善的环节也不会一味说"不"——因为"从0到100分固然美妙，然而从0到1也很重要。"长远的零废弃愿景，是从点滴的进步与突破开始的。

首次零废弃赛事是"2016北京春季城市越野赛"，前期宣传、物资筹备等环节贯彻了零废弃理念，如，减少参赛包中不必要的物品、路标回收利用、用大桶水代替瓶装水等；现场由自然之友指导垃圾分类，并以要求越野

参赛者必须自带水杯的方式杜绝了纸杯的使用。

在三夫铁人三项赛中，细化了垃圾分类环节、引入了环保志愿者培训和现场分类指导。在赛事无法找到纸杯替代方案的情况下，联系赞助商提供了部分折叠杯在现场使用，并通过互动提示大家减少纸杯的使用。

善行者大型徒步活动，自然之友召集 20 余名志愿者接力做 100 公里赛道的垃圾清理，并开展了垃圾来源、物资使用率、赛事垃圾分类等方面的调研，为未来的赛事零废弃方案积累了基础数据，并以此唤起广大户外运动爱好者对垃圾问题的重视。

自然之友还主动接触有社会责任的赛事主办方及户外企业，共同推广零废弃理念、设计环保环节，打造零废弃赛事模板。

# 五　青少年垃圾减量教育及校园实践

青少年阶段是人生观形成、生活习惯养成的重要阶段，对这个年龄段的青少年进行垃圾减量教育格外重要，需要与成年人不一样的教育内容和方式。

## （一）自然之友《废弃物与生命》，在断裂中建立连接

自然之友从 2013 年起开发的中小学生垃圾主题课程《废弃物与生命》是一套具有环境教育精神的课程，通过体验式学习，引导学生与自然建立连接，认识、思考垃圾问题，从自己开始践行垃圾减量。

1. 清晰的逻辑框架，教 + 学 + 行的课程设计

市场上现有的有关垃圾议题的读本都偏重于介绍垃圾分类或垃圾处理知识，单一且片段化，而《废弃物与生命》则延伸了垃圾与整个生态系统和人类社会的探讨，让学习者认识和体会到垃圾与自然的连接、人与自然的连接，深刻探讨垃圾的问题、可行的解决方式及每个人可以采取的行动。

课程中不乏有意思的游戏和实践，注重知识与行动的结合。如在垃圾减量 3R 课程结束后，安排"零废弃大挑战"，记录个人一周内产生垃圾的种类和数量，尝试用 3R 方法尽量减少垃圾。在集体行动层面，引导全校师生

共同建立"零废弃校园",使垃圾减量成为生活中的常态。

2. 发挥教师自主性,共修营共同学习

自然之友希望培养学校本身的师资力量,唯有本校教师(包括校领导)主动开展垃圾减量活动,"零废弃校园"才有可能成为现实。所以《废弃物与生命》采取的主要推广模式是:招募对垃圾问题感兴趣的学校和教师参加教师共修营培训,待其回校授课时,由项目人员跟进并评估教学效果。

优秀教师积攒的授课经验、开发的新内容,通过教师群的分享,逐步让原有课程更加充实。

3. 校外讲师团的生根发芽

鉴于各地中小学选修课制度并未普及、师资力量不足,项目组自 2015 年突破"体制内教师"范畴,培训校外师资力量:如地方环保教育类 NGO、妈妈讲师团、大学生讲师团等,组织专场教学共修营,再由他们更灵活地将课程带入当地校园。

如:成都根与芽的教师们,将《废弃物与生命》与自身环境课程相结合,在成都数所小学开展"循乐童年"垃圾主题环保课程和系列活动,从日常生活中影响学生。

北京五中的"自然之子"学生讲师团,不仅以"学生给学生上课"的形式将本课程一年一年地传承下去,更把经典的"厨余变沃土"实践课送入附近社区和小学。"自然之子"还在学校发起了"思前·食后·厉行节约"的"光盘挑战"活动,调查学校食物浪费情况,形成调研结果,并促使全校师生共同实践"午餐光盘"活动。

## (二)成为一所零垃圾学校——北京明悦学校

北京明悦学校是一所年轻的私立学校,创校之初就设定了目标:成为一所零垃圾的绿色校园。他们把校园当作一个大课堂,在潜移默化中培养学生的环保意识,使他们发自内心地热爱和尊重自然,并从根本上改变自己的生活方式。

明悦学校的四步零垃圾行动如下。

1. 从源头减少不必要的消费，将惜物节俭变成习惯

从 2014 年建校到现在，明悦学校没有买过办公用纸，而是长期接受单面纸捐赠。明悦的孩子都有节约用纸的意识，所有纸都双面使用，物尽其用；听写时，一张纸分成好几份来用；做字卡，用回收来的快递信封。

校内尽可能杜绝一次性用品。所有水杯、餐具都是非一次性的；白板笔可重复灌水；为访客准备的绒布鞋套用过后清洗了再用；洗手池边挂有擦手毛巾，不用纸巾。

为学校制作午饭的餐厅送饭时会用保鲜膜封住盆口以保温，于是学校购买了保温桶和乐扣饭盒，避免了保鲜膜的消耗。

2. 努力做到"零厨余"

教职员工和孩子们一起挑战自己，力争"一点儿不剩饭"。每天在白板上记录厨余垃圾产生量，督促大家吃多少盛多少，于是越来越接近零厨余目标。

有时还会有些吃不完的饭，教师们会打包回家，其余的在小菜园里堆肥。

3. 鼓励师生充分利用旧物

师生们会将日常生活中的废弃物积攒起来，一段段绳子、一个个饮料瓶，改造成教具。快递信封用来制作字卡；旧海报纸用来画烹饪流程图；图书架上的代书板是买鞋套剩下来的脚丫形纸板；外出时佩戴的卡牌是孩子们用快递信封和蛋糕绳制作的。

师生们还使用废旧材料进行再生艺术品创作。甚至制作出"垃圾乐器"，在音乐剧中大显身手。

4. 垃圾分类回收——从校内到家庭、社区

明悦学校在校内使用旧纸箱制作分类垃圾箱，贯彻垃圾分类。

明悦不仅自己减少垃圾的产生，还利用校园环保站帮助周围社区消化垃圾。学校门口的分类桶，回收塑料瓶、废旧电池、电子垃圾，然后转交给正规的处理机构。

家长们也积极参与，从工作单位收集到单面纸和快递信封，家里的卫生纸芯会收集起来送到学校做手工。

学校每隔一段时间组织一次旧物交换二手市集，互换余下的旧物统一捐

给二手慈善商店。

通过身体力行，明悦师生们见证了学校在垃圾减量上的突破，也真切看到孩子和家长们的改变。一所学校的运营很难完全做到零垃圾，只有尽可能地去减少垃圾的产生，尽可能妥善处理已经产生的垃圾，从点滴小事出发，才能无限地接近真正的"零垃圾"。

# G.14

# 农村垃圾分类进展及未来趋势

唐莹莹*

**摘　要：** 2016 年至 2017 年，农村垃圾分类在政策和实践层面都取得了
　　　　 不少实质性的进展，习近平总书记提出在全国普遍推行垃圾
　　　　 分类制度，住建部发文在全国推广金华农村垃圾分类经验，
　　　　 几个专门性的地方性法规出台，多个地方富有创造性的实践
　　　　 探索，这些都为未来推进农村垃圾治理、深入开展美丽宜居
　　　　 乡村建设谱写了历史性的篇章，未来农村垃圾分类将逐渐从
　　　　 管理走向治理，形成多元共治的责任体系，构建"生态 + 产
　　　　 业 + 治理"的农村社会建设新格局。

**关键词：** 垃圾分类　农村垃圾治理　乡村建设

　　2015 年 11 月 3 日，住房和城乡建设部等十部门联合发布了《全面推进
农村垃圾治理的指导意见》，第一次提出了农村垃圾五年治理的目标任务，
提出因地制宜建立"村收集、镇转运、县处理"的模式，到 2020 年全国
90% 以上村庄的生活垃圾得到有效治理，实现有齐全的设施设备、有成熟的
治理技术、有稳定的保洁队伍、有长效的资金保障、有完善的监管制度。①
两年过去了，农村垃圾分类在政策和实践层面都取得了不少实质性的进展，

---

　　\* 唐莹莹，北京联合大学社会建设研究院副研究员，主要研究方向为社区治理。
　　① 住房和城乡建设部等十部门联合出台《全面推进农村垃圾治理的指导意见》，《城市规划通
　　　讯》2015 年第 22 期。

习近平总书记提出在全国普遍推行垃圾分类制度，住建部发文在全国推广金华农村垃圾分类经验，广东、河北等省份有几部专门性的地方性法规出台，2017 年的中央一号文件明确提出推进农村垃圾治理专项行动，促进垃圾分类和资源和利用等，这些都给 2017 年农村垃圾分类画上了浓厚重彩的一笔。

# 一　2016 ~2017 年农村垃圾分类的相关政策

2016 ~ 2017 年，农村垃圾分类有多项重大的政策突破。

国家层面，一是习近平总书记提出普遍推行垃圾分类制度，二是住建部发布了在全国推广金华农村垃圾分类经验的具体文件，这两个重大事件成为本年度农村垃圾分类领域最为重要的政策利好；地方层面，各级立法机关在经过实践的基础上相继制定地方性法规，以立法的形式着力推进垃圾分类在农村的实质性进展。

## （一）国家层面：顶层引领

### 1. 习近平总书记对垃圾分类工作做出针对性指示

2016 年 12 月 21 日，习近平总书记在中央财经领导小组第十四次会议上指出，普遍推行垃圾分类制度，关系 13 亿人的生活环境改善，关系垃圾能不能减量化、资源化、无害化处理。要加快建立分类投放、分类收集、分类运输、分类处理的垃圾处理系统，形成以法治为基础、政府推动、全面参与、城乡统筹、因地制宜的垃圾分类制度，努力提高垃圾分类制度的覆盖范围。[①]

习近平总书记把民众呼声很高的推广垃圾分类放到六大民生问题中，这在中国环境发展史上是空前的，是给社会最明确、最强烈的信号，表明了党中央全面推进垃圾分类的决心；表明了垃圾分类不是可做可不做的，而是一

---

[①] 《习大大强调：垃圾分类关系 13 亿人生活环境改善，必须普遍推行 | 附我国垃圾分类发展历史、现状和建议》，易再生网，http：//www.ezaisheng.cn/news/show - 56061.html。

定要做的。从落实的层面上看，中央的表态可以迅速提升垃圾处理问题在各级党政干部中的优先级别和重要程度。如果各级党委和政府都真正地把垃圾分类作为本地区的一项重大政治任务来抓，则非常有利于这个具有复杂性、系统性和长期性的棘手问题得到实质性的解决。

2. 2017年的中央一号文件明确提出推进农村垃圾治理，促进垃圾分类

2017年2月5日，中央一号文件《中共中央　国务院关于深入推进农业供给侧结构性改革加快培育农业农村发展新动能的若干意见》中提出："推进农村生活垃圾治理专项行动，促进垃圾分类和资源化利用，选择适宜模式开展农村生活污水治理，加大力度支持农村环境集中连片综合治理和改厕工作顺利进行。开展城乡垃圾乱排乱放集中排查整治行动。"① 中央一号文件作为中央对"三农"问题的重大战略指针，首次纳入农村垃圾分类内容，并将其作为建设美丽乡村工作的重要抓手，这无疑体现了中央对农村垃圾治理和垃圾分类的重视，也必将为农村垃圾分类工作在地方的贯彻落实提供前所未有的政治保障。

3. 住建部：以点带面开展农村垃圾分类试点

为落实中央财经领导小组第十四次会议精神，住建部在2017年12月22日印发《住房城乡建设部关于推广金华市农村生活垃圾分类和资源化利用经验的通知》，推广浙江省金华市农村生活垃圾分类和资源化利用经验，同时要求各省（区、市）在本地区选择3个以上代表性县（市、区）开展农村生活垃圾分类和资源化利用示范，并组织编制实施方案，住房和城乡建设部将组织专家进行现场指导和评估。②

住建部的这一文件中，将金华市的做法和经验以附录的形式做了详细的介绍，给地方政府充足的借鉴空间。任何一个村镇想要实施垃圾分类，都可

---

① 《中共中央　国务院关于深入推进农业供给侧结构性改革加快培育农业农村发展新动能的若干意见》，《人民日报》2017年2月6日。
② 《住房城乡建设部关于推广金华市农村生活垃圾分类和资源化利用经验的通知》（建村函〔2016〕297号），住房和城乡建设部网站，http://www.mohurd.gov.cn/wjfb/201612/t20161228_230118.html。

以从中获得具体的实施经验。可以肯定，这不是一个空头文件，而是一个有实质性内容的指导性文件。

2017年6月，住建部公布了第一批农村生活垃圾分类和资源化利用示范工作100个县（市、区）的名单，要求这100个试点县确定符合本地实际的农村生活垃圾分类方法，并在半数以上乡镇进行全镇试点，力争两年内实现农村生活垃圾分类覆盖所有乡镇和80%以上的行政村，并在经费筹集、日常管理、宣传教育等方面建立长效机制。

我国各地在气候环境、生活习惯方面的地域差异较大，垃圾的成分也有所不同，在全国各省推广试点示范，有利于找到适合当地生活垃圾分类和资源化利用的具体操作方法。

## （二）地方层面：立法推动

现行的环境保护法律法规，80%以上为城市制定，有关农村环境保护的法律法规寥寥无几。[①]《中华人民共和国固体废物污染环境防治法》中规定："农村生活垃圾污染环境防治的具体办法，由地方性法规规定。"在2016年之前，地方立法在这方面还处于空白状态。

2016年，广东、河北两省出台了相关的地方性法规（或地方政府规章），实现了农村垃圾处理地方立法零的突破。此外，还有一些地方（浙江、广东）出台了关于农村生活垃圾分类管理的技术规范和管理办法，使得法规具有现实操作性。

1.《广东省城乡生活垃圾处理条例》

2015年9月25日，广东省第十二届人大常委会第二十次会议通过了《广东省城乡生活垃圾处理条例》，于2016年1月1日起施行。

这是一部专门针对生活垃圾处理制定的省级地方性法规，也是全国首部将城市和农村生活垃圾处理一并纳入法治范畴的地方性法规。条例将农村生

---

① 吕忠梅：《农村"垃圾围村"之困》，载杨东平主编《中国环境发展报告（2011）》，社会科学文献出版社，2011。

活垃圾处理纳入了法治范畴，建立完善城乡生活垃圾分类制度、垃圾收运处理体系及垃圾处理设施建设规定，并从财政预算和垃圾处理收费等方面明确了经费保障。

针对农村生活垃圾，条例第二十四条专门规定："农村生活垃圾按照以下方式处理：（1）可回收垃圾交由再生资源回收企业回收；（2）有机易腐垃圾应当按照农业废弃物资源化的要求，采用生化处理等技术就地处理，直接还田、堆肥或者生产沼气；（3）低价值可回收物、有害垃圾应当建立收集点，专项回收，集中处理；（4）惰性垃圾实行就地深埋；（5）其他类型的垃圾由市、县（区）统筹处理。"

2.《河北省乡村环境保护和治理条例》

2016 年 7 月 29 日，河北省第十二届人大常委会第二十二次会议通过了《河北省乡村环境保护和治理条例》，于 2016 年 10 月 1 日起施行。

关于乡村生活垃圾的处理，该条例第十六条规定："县级人民政府有关部门应当根据经济条件、地理位置等实际情况，确定乡村生活垃圾收集、转运、处置模式，推进乡村生活垃圾就地分类减量和可再生资源回收利用。对可降解有机垃圾应就近堆肥、填埋或沼气处理。"遗憾的是，该条例并未对乡村生活垃圾如何分类进行详细的规定，会带来操作层面的问题。

此条例把相关经费纳入政府财政预算，并提出乡村环境保护和治理中应当引入社会资本，鼓励和支持社会力量投入基础设施建设和运营，为乡村环境保护和治理提供专业化服务。注重发挥村规民约的作用，通过与村民签订门前三包责任书等方式，明确村民的清洁责任。条例对损毁乡村清洁基础设施，在村庄通道随意倾倒、堆积垃圾，喷涂广告等行为，赋予乡镇政府处罚权，便于乡村环境保护和治理的监督管理工作落到实处。

3. 广东省《云浮市农村生活垃圾管理条例》

2016 年 12 月 1 日，广东省十二届人大常委会第二十九次会议审查批准了《云浮市农村生活垃圾管理条例》，于 2017 年 3 月 1 日起施行。

这是全国第一部专门规范农村生活垃圾管理的地方性法规。① 此条例对全市农村生活垃圾的管理体制、行为规范、运营机制、经费投入、建设主体等进行了明确规定，落实了各级政府部门的责任，明确了监督管理责任。

值得注意的是，在垃圾分类方面，与《广东省城乡生活垃圾处理条例》把垃圾分为四类（可回收物、有机易腐垃圾、有害垃圾和其他垃圾）不同，云浮市的条例把农村生活垃圾分为可回收垃圾、有机易腐垃圾、有害垃圾、惰性垃圾和其他垃圾共 5 类，把惰性垃圾（即村民建设生产产生的灰土、砂石、碎混凝土、砖石瓦片等）单独分出来，通过铺路填坑等方式进行分散处理。

4.《广东省农村生活垃圾治理验收办法》

2016 年 4 月 15 日，广东省住房和城乡建设厅等 11 部门公布了《广东省农村生活垃圾治理验收办法》，并从公布之日起在全省范围执行。这是一部关于农村生活垃圾治理的地方政府规章。

该验收办法对农村生活垃圾治理工作的验收主体和对象、验收依据、验收内容及标准、验收程序、结果公布、验收管理、验收进度等安排都做了详细的规定，严格规定申请验收的各地级以上市应在 7 个方面达到 7 有标准。② 2016 年 7 月 11 日，广东省已完成对 15 个广东省农村生活垃圾收运处理试点示范县的验收工作。③

此外，其他省份也有相关政策出台。如四川省出台《全省推进农村垃圾治理实施方案》（2015 年 12 月）、湖北省出台《湖北省农村生活垃圾治理验收办法》（2016 年 8 月）、云南省出台《云南省农村生活垃圾治理及公厕建设行动方案》（2016 年 8 月）、浙江金华金东区出台《农村生活垃圾分

---

① 柳石强：《云浮农村生活垃圾管理创全国之最》，《广东建设报》2016 年 12 月 30 日。
② 《广东省住房和城乡建设厅等部门关于印发〈广东省农村生活垃圾治理验收办法〉的通知》，广东省环境卫生协会网站，http://www.gd-esa.com/news/zhengfuwenjian/447.html。
③ 《全省农村生活垃圾收运处理试点示范县验收工作座谈会顺利召开》，广东省环境卫生协会网站，http://www.gd-esa.com/news/xinxixinwen/459.html。

类管理规范》（2016 年 10 月）①。

立法不易，实施更难。这取决于法的实施主体、监督主体和实施环境。能否真正走出"执法不严、违法不究"的困境，社会各界将拭目以待。

## 二　2016年农村垃圾分类的地方实践

2016 年农村垃圾治理的地方探索包括浙江金华市、河北廊坊市、北京昌平区（辛庄村、桃林村）、广东溪南村、上海市松江区（泖港镇）、福建漳州市（霞美村）、河北保定市（西高庄村）等。以下介绍几种有代表性的地方模式。

### （一）浙江金华模式："基层创新 + 顶层设计"②

2016 年 12 月，住建部发文在全国推广金华经验，这意味着"金华模式"已经从一个地方的基层创新走向了对全国实践的引领，并在实质上推动了地方立法的进程。这是"金华模式"最为重要的一个亮点。

"金华模式"的基本做法包括："两次四分"（农户初分、保洁员再分）的分类方法、"垃圾不落地"的转运方法、阳光堆肥房就地资源化利用方法。形成了长效保障措施：强力行政推动、资金筹集多元化、全方位监督考核、广泛社会参与。制定了六项制度：可利用物统一回收制度、分类工作分级考核制度、垃圾保洁员（分拣员）评优制度（镇级）、垃圾收费制度（村级）、环境卫生"荣辱榜"制度（村级）、网格化管理制度（村级）。

---

① 由金东区农办、质监局联合制定的金华市地方标准《农村生活垃圾分类管理规范》是目前全国唯一的农村生活垃圾分类管理标准，该规范实施以后，全市农村生活垃圾分类管理将有标可循。该规范内容涉及农村生活垃圾分类管理、分类收集管理、环卫设施建设管理、运输要求、保洁队伍管理等方面，将为巩固和提高全市农村生活垃圾分类的管理水平提供技术支撑和评价规则。参见《金东区出台全国首个垃圾分类地方标准》，金华网，http：//www.jinhua.com.cn/folder1/folder2/folder6/2016 – 10 – 14/224917.html。

② 本部分内容根据《住房和城乡建设部关于推广金华市农村生活垃圾分类和资源化利用经验的通知》中介绍的金华经验，由笔者整理形成。

"两次四分"法简便易行，便于推广。农户只需以是否易腐烂为标准，操作简便，易学易做，群众普遍支持。全市全面推行农村垃圾分类后，每年可减量垃圾 66 万吨以上（全市农村人口 327 万，每人日均产垃圾 0.66 公斤，减量按 85% 计），每年可减少清运和处理费用大约 2 亿元。设施建设的一次性投入完全可以在今后 8~10 年的节余中收回。这套做法，不仅农民可接受，财政也可承受，是一套符合农村实际的、可循环的垃圾治理模式，具有一定的推广价值。

## （二）河北廊坊模式：农村垃圾治理市场化运作

2016 年，河北廊坊市确定安次、永清、固安、大城为垃圾处理 PPP 模式试点县（区），整体解决全县域村庄垃圾处理问题。引入 PPP（农村垃圾治理市场化运作）模式解决农村垃圾治理问题，不仅能解决地方政府财政资金缺乏的问题，而且能充分利用私营企业先进的管理经验，实现共赢的效果。

以固安县为例。2014 年 8 月，固安县政府与北京环卫集团签订《固安县生活垃圾填埋场升级改造项目和南部生活垃圾中转站建设项目 BT + 委托模式投资建设和委托运营合同》。双方在平等、互利、共赢的基础上，根据客观实际情况和双方意愿，项目采用"BT + 委托运营"的合作模式。该项目于 2014 年 10 月建设完工。2015 年 7 月，固安县政府与北京环卫集团开展深度合作，并就固安县渠沟生活垃圾填埋场、乡镇生活垃圾中转站、城区垃圾收运体系、农村村街地埋式垃圾箱等项目建设达成了共识。项目采用建设、移交、运营（BTO）的合作模式，以上项目合作的达成，标志着固安县政府在环卫领域最终实现了引进社会资本，推动固安县市政基础设施建设的目标；通过政府购买公共服务，实现垃圾收集、清运、处理作业与监管分离的合作模式，形成了"政府主导、市场运作"相结合的新模式。固安 PPP 模式初见成效。

PPP 模式的引入，弥补了政府财力不支、管理经验不足的缺陷，使得垃圾治理在农村的日常监督和可持续发展这两大难题得到有效解决，值得各地借鉴。

### （三）北京辛庄模式：从环保实践走向生态村建设

2016 年 6 月，位于京北的小村庄——昌平区兴寿镇辛庄村，开展了"垃圾不落地"试点工程。全村的垃圾桶（堆）全部撤销，村民在家中进行垃圾分类，由环卫工人定时上门收取。辛庄村的垃圾不落地工程得到了全体村民的支持，逐步形成了一套有着辛庄特色的农村垃圾治理模式。

在辛庄村，由民间力量推动了村"两委"共同开展垃圾治理。辛庄村几位有共同愿望的母亲走在一起，形成了一个民间力量——辛庄环保小组。[①] 从一开始，辛庄环保小组就和村"两委"干部站在了同一战线上，在推进垃圾治理的每一个环节，这两股力量始终是互相帮助、互相扶持并且互相监督，形成了良好的优势互补关系，充分保证了垃圾分类在辛庄村的有序推进。

辛庄模式的几个特点：一是通过"净塑"，实现源头减量。村主任颁布行政命令，禁止村里所有超市和菜市场提供塑料袋，禁止村里所有饭馆使用一次性塑料制品。通过志愿者广泛宣传，鼓励村民重复使用现有塑料袋，出门带"五宝"（水杯、筷子、手绢、环保袋、饭盒）。二是实现垃圾不落地。村里公共区域的垃圾桶、垃圾池全部撤销，不允许村民再向外倒垃圾。三是用"两桶两箱分类法"进行垃圾分类。村里给每一户家庭发了两个分类垃圾桶，每天早晚两次，环卫车唱着村歌《辛庄人》挨家挨户上门收垃圾。四是推进农户有机种植。辛庄村将占垃圾总量 65% 的厨余垃圾进行堆肥和酵素制作，并将做成的肥料分发给本村种植户，用于草莓种植，达到无农药、无化肥、无重金属的安全种植目的，农村垃圾治理的闭环在辛庄村初步形成。

辛庄村自实行"垃圾不落地"工程以来，垃圾分类的有效率达到 95% 左右，垃圾减量率达到 75% 左右。外在环境、内在环境得到极大的改善，村民充满了自豪感和归属感。此外，辛庄经验得到及时总结，以人大代表建

---

① 笔者居住在辛庄村，为辛庄环保小组成员之一，参与了辛庄村"垃圾不落地"工程的全过程。

议的方式提交昌平区人代会和北京市人代会,引起各级领导的高度重视。2017 年 2 月底,辛庄村启动"垃圾细分类",将原来不可回收的部分垃圾进行再次分类;并开始建设环保站,努力打造成为全国各地学习、体验和交流的环保教育平台。2017 年 3 月 14 日,北京市人大常委会副主任牛有成带队赴辛庄村,调研辛庄垃圾分类情况,对辛庄村的做法给予高度肯定。

## (四)广东溪南模式:以环境治理推动古村落保护①

广东省普宁市梅塘镇溪南村,是一个有着 600 多年历史的古村落,2013 年成功申报第二批"中国传统村落"。2015 年初成立了普宁市溪南村公益理事会,至今已筹集到 500 多万元民间捐款,同时投入大量的精力,参与乡村治理模式和农村垃圾分类的探索。② 2016 年 10 月,公益理事会引入第三方环保机构——深圳零废弃,运用垃圾减量分类实践摸索农村垃圾治理方案。

溪南村由 34 个自然村组成,人口规模约 3 万。第一阶段选取了两个自然村(长沟、新梅园)为试点,推行垃圾分类不落地,采取了一系列富有创意的行动:(1)成立"溪南神夹队",邀请中小学生和各界人士参与捡垃圾活动,不仅在短期内改变老寨的环境,而且逐渐改变了村民乱扔垃圾的习惯;(2)组织"我为家乡清垃圾"冬令营,通过中小学生入户调查,向村民开展垃圾分类的宣传教育,加快村民思想转变,共同参与解决农村垃圾问题;(3)组织"马拉松环保畅跑"活动,2000 多名马拉松爱好者参加,展现了"健康+公益+环保"的三重魅力,打造中国溪南古村健康公益环保活动品牌。

2017 年 1 月 20 日,在广东省十二届人大五次会议旁听人员座谈会上,溪南村公益理事会发起人周裕丰,就乡村治理模式与农村垃圾分类向省领

---

① 本部分内容根据陈秋(深圳零废弃常驻溪南村推动垃圾分类实践的项目工作人员)提供的资料,由笔者整理形成,在此表示感谢。

② 宋荐、常平:《溪南古村举办第二届马拉松探索乡村环境治理新模式》,搜狐网,http://mt.sohu.com/20170131/n479743218.shtml。

导、省人大代表提出建议：一是发动和凝聚乡贤，成立社会组织，建立民主的协商决策制度；二是通过资金回流、信息回馈、智力回乡、项目回迁、扶贫济困、助教助学等形式反哺家乡；三是学习推广浙江等地"两次四分"、"垃圾不落地"、阳光堆肥房等农村垃圾分类和资源化利用的经验。① 这一举措，将使溪南古村历时已久的垃圾问题，在自下而上、上下同心的各种力量的推动下得到有效的解决。

溪南村垃圾分类的推动，让我们看到民间力量在其中的生机和活力。公益理事会这样一个本地的社会组织，凝聚了各界乡贤的智慧和力量，参与农村垃圾治理，如果将来能够建立民主协商和决策机制，可以作为现有农村社会治理制度的有效补充，同时可以对村"两委"的行政效率和资金使用形成有力的监督；而第三方环保机构的引入，探索和创新了适宜溪南本地环境治理的各种活动，以专业的力量帮助解决溪南村面临的环境问题，并直接推动了古村落的保护进程。

## 三　农村垃圾分类的发展趋势

虽然多项法规政策在 2016 年的出台令人鼓舞，各地的垃圾分类实践也取得了不少进展，但是农村环境形势依然严峻，农村垃圾治理工作面临更为严峻的挑战，主要体现在：第一，政府"项目化治理"打造政绩亮点，但面临多种困境，难以长远发展；② 第二，形成垃圾分类常态化的资源不足，有效机制难以形成；第三，源头减量依然举步维艰；第四，成长中的环保NGO 在资金支持方面仍是捉襟见肘，回应社会需求的能力仍显不足。

但挑战总是与机遇并存。2017 年 2 月 5 日，中央一号文件《中共中央 国务院关于深入推进农业供给侧结构性改革加快培育农业农村发展新动能的若

---

① 《省人大座谈会｜周裕丰发言并提交了案例资料与提议文案》，微信公众号"溪南公益"，http：//mp. weixin. qq. com/s/t0s6FzHoJvfGHtPzgR－w_ w。

② 彭勃、张振洋：《国家治理的模式转换与逻辑演变——以环境卫生整治为例》，《浙江社会科学》2015 年第 3 期。

干意见》中提出："推进农村生活垃圾治理专项行动，促进垃圾分类和资源化利用，选择适宜模式开展农村生活污水治理，加大力度支持农村环境集中连片综合治理和改厕。开展城乡垃圾乱排乱放集中排查整治行动。"① 中央一号文件的出台，向农村环境整治再发力，希望农村垃圾治理能就此被各地放至"一把手"工程的重要位置，彻底破解垃圾围村这一新农村建设的软肋。可以预期，未来农村垃圾分类将在新形势下从理念、制度、主体、格局4个方面获得新的突破。

## （一）理念：由垃圾管理到垃圾治理的理念转变

垃圾问题，不仅是社会问题，也是经济问题，甚至是政治问题。因垃圾问题而引发的利益冲突的加剧，使得原来自上而下的、粗放式的管理理念，不得不向精细化、专业化同时又注重利益协调的治理思维转变。从未来的发展趋势看，只有用治理的理念才能够把间歇性的专项投入和连续性的日常运行投入进行双向的互动和整合，才能保障垃圾治理项目从短期的专项行动演化为具有历时性的长期行动。区别于示范村庄依靠政府前期多项扶持，对于一般村庄来说，需要激发地方性的自组织力量来探索适合本地的激励机制，实现村庄内小循环、村庄外大循环的可持续目标。因此，在解决垃圾问题上正确的区分管理和治理之间的不同，正确运用治理思维，是进一步将农村垃圾治理推向深入的重要前提条件。

## （二）制度：建立农村垃圾治理的地方立法保障体系

习近平总书记在中央财经领导小组第十四次会议上指出，普遍推行垃圾分类制度，特别强调要"形成以法治为基础"的垃圾分类制度。与垃圾治理相关的部门涵盖发展改革委、住建部、环保部、商务部、工信部等多个部门。然而，部门职责划分不明确、权力边界不清晰已经成为制约我国垃圾分

---

① 《中共中央　国务院关于深入推进农业供给侧结构性改革加快培育农业农村发展新动能的若干意见》，《人民日报》2017 年 2 月 6 日。

类制度完善和推广的重要掣肘。通过立法明确部门职责和法律责任，是有效推行垃圾分类制度的首要问题。① 长期以来，只重视城市而忽略农村环境保护的法律法规体系，导致"城乡统筹"沦为无法落地的口号。在全国性的垃圾污染防治法律体系不健全的情况下，地方政府应该结合本区域农村垃圾污染的特性，制定适合本地区的农村垃圾治理地方性法规、地方政府规章以及具有可操作性的措施和办法，全面遏制垃圾污染给农村生态带来的破坏。

### （三）主体：形成政府、社会和企业多元共治的责任体系

国家治理体系现代化的提出，突破了固有的"政府中心论"的限制，是对原本的国家治理主体和治理机制的重构。② 政府大包大揽，过度依赖自上而下的单向运作，会形成"治理主体错位"的问题，而且由于政策实施者缺乏对农村垃圾治理阶段特征的认识和把握，容易造成把前期试点村的有效经验，简单复制到后续的其他村庄的垃圾治理工作中，出现多种不适应症状。因此，激发多方参与者包括村民、社会组织和企业等主体的积极性，共同商讨治理方案，形成合理的治理主体责任分配体系，这将有助于发挥不同主体的独特价值，并增强彼此之间的协作、提高治理项目的效益，进而降低治理成本，这在农村垃圾治理中是具有极大地必要性与可行性的。这对发育成长中的环保 NGO 来说，也是一个重大的挑战，环保 NGO 不仅需要具有感召力和行动力，还要具有更强的专业性，具有与政府沟通的智慧和能力，使得其建议、诉求和参与具有针对性和有效性，做"该做能做、有用有效"之事。可以预见，"互联网＋""PPP 模式"等整合社会资源的形式，也将成为农村垃圾治理可持续发展的有效手段。

### （四）格局：构建"生态＋产业＋治理"的农村社会建设新格局

美丽宜居乡村的建设，需要顺势、借势和造势。在中央高层明确的精神

---

① 穆治霖：《推行垃圾分类亟待夯实法治基础》，《中国环境报》2016 年 12 月 28 日。
② 李华栋：《浅析公民社会组织在国家治理现代化中的作用》，《新西部》2015 年第 2 期。

指引下，以垃圾分类为切入点和着力点，可以形成启动农村生态的良性循环的突破口。当农民有了垃圾分类的习惯之后，环境得以改善，当地农作物价值提升，并带动乡村旅游业发展，农民收入增加，生活水平得到提高。由此来看，垃圾治理实际上是内嵌在经济发展当中的，而经济发展又仿佛是垃圾治理的一个自然结果。试想，如果政府能够构建出有效循环的治理机制，如果农村都能做到"垃圾不落地、污水不入土，田园无污染、产业有链条、治理有体系"，就能够形成"生态 + 产业 + 治理"的农村社会建设新格局。

# G.15
# 从《塑料王国》到"摆脱塑缚"
## ——民间塑料议题的行动元年

岳彩绚*

摘　要：　2016 年，纪录片《塑料王国》引起强烈的社会反响，也引发了全社会对于塑料行业，特别是塑料进口行业的关注和反思。发达国家非法向我国转移低值废塑料的问题一直存在，进口废塑料倒卖非法加工亦屡禁不止，带来的环境问题不容小觑。日益严重的全球塑料危机催生了"摆脱塑料污染全球行动网络"，民间力量开始行动起来，并撬动政府、企业、公民等各方力量参与其中。

关键词：　《塑料王国》　塑料进口　塑料危机

2016 年 11 月 24 日，导演王久良凭借纪录片《塑料王国》在阿姆斯特丹国际纪录片电影节上获新人单元评委会特别奖。影片记录了在中国一个以生活垃圾废塑料分拣加工为唯一产业的村庄里，作坊主和打工者两个家庭在恶劣环境中为生存挣扎的故事。

在《塑料王国》媒体版中，导演则以调查的形式记录了这些生活垃圾从国外的废弃物回收中心经过粗拣、压缩、打包，再到中国的村庄被人工分拣、加工再造粒的全过程。在这些村庄里，男女老少往往没有任何防护地坐在和住在

---

*　岳彩绚，零废弃联盟副秘书长。

这些夹杂着医疗垃圾和恶臭的生活垃圾中，他们徒手分拣出可利用的废塑料，闻塑料燃烧的气味辨别材质，用清洗塑料的水洗头，吃被污染的河里的死鱼，孩子将废针管注水放进嘴里。而在另一个国家，生活废弃物的管理者因为中国的市场好，而将这些未经细分的塑料垃圾源源不断地运往中国。

《塑料王国》的影片一经传播即迅速在国内引起轩然大波，媒体对导演王久良的采访报道集中爆发，在社交媒体上更是持续刷屏。不仅如此，《塑料王国》还带来了更深远的影响，成为被塑料行业，特别是塑料进口相关行业反复提及的影片。

# 一　我国塑料进口现状

据环境保护部固体废物与化学品管理技术中心资料显示，2016年我国取得废物进口许可证的企业共1766家，较2015年减少近400家，其中废塑料企业减少111家，实际进口废物4480万吨，较上年减少约220万吨。2016年出口到我国的废塑料来自117个国家和地区，其中主要来自中国香港（37.91%）、日本（11.15%）、美国（9.08%）、德国（5.39%）和比利时（3.70%），合计占废塑料进口总量的67.23%。从20世纪90年代开始，我国经济的快速发展及对资源和原材料需求不断增加，进口废塑料的比例从1996年的4%增加到2012年的65%，近几年随着我国经济下行及环保要求的提高，进口比例有所下降。亚洲其他国家如东南亚一些发展中国家进口比例呈增长的趋势。

据海关总署监管司数据，进口废塑料质量问题突出，据统计，2014年退运的进口固体废物中，按批次算，60%以上是废塑料。同时，固体废物走私形势严峻。2013年和2014年，海关查获废物走私刑事案件196起，查证涉案废物114.95万吨，其中电子废物、废矿渣、旧衣服等禁止进口的废物共25万吨。2015年1～11月侦办废物走私犯罪案件96起，查证禁止进口废物17.8万吨。2016年上半年"国门利剑"行动查获废物走私案件27起，查证禁止进口废物8.7万吨。

据环境保护部固体废物与化学品管理技术中心介绍，发达国家向我国转移低值废塑料的问题一直存在。发达国家对于高值废塑料需求也较大，而难以处理的低值废塑料则主要是出口到发展中国家。国外一些未取得国外供货商资格的出口商将一些低值的不符合环境保护控制标准的废塑料先出口到中国香港，在香港通过分选拼柜后再出口到我国内地。这也是我国内地进口废塑料主要来自香港的原因之一。虽然我国在《进口可用作原料的固体废物环境保护控制标准——废塑料》中定义了使用后且加工清洗干净的废塑料可以进口，但实际情况是大多数使用过的废塑料未经任何清洗，就直接进口，导致一些低值的废塑料进入我国。

我国进口废塑料倒卖和非法加工亦屡禁不止。废塑料加工利用一般存在三类团体：进口废塑料企业、国内废塑料企业和非法小作坊。我国对进口废塑料企业管理规定较严，需要经过考核，符合相关的进口废塑料管理规定才能进口，经过几十年的发展，已经形成一批规模较大、技术先进、污染防治水平相对较高的企业；而国内废塑料再利用行业以中小企业居多；小作坊则处于政府监管体系之外，生产设施落后，无环保设施，超标排放，环境污染风险大。在河北文安、山东章丘、江苏连云港等地，像《塑料王国》影片中的这类废塑料小作坊大量聚集存在，其经营成本低，用较高的价格"截"走了大量废塑料，导致正规企业"吃不饱"，虽然我国自 2013 年就开始"绿篱行动"①，严厉打击废物非法越境转移，但仍然无法禁止进口废塑料倒卖及非法加工利用等行为。

## 二 "消费主义"当道，塑料危机日益凸显

2009 年 11 月 11 日，国内某电商平台举办促销活动，自此开始了每年一度的"双十一"网购狂欢节，网购势头自此一发不可收拾。2009 年，淘宝商城在"双十一"一天的交易额为 5200 万元，到 2015 年已达 912.17 亿

---

① 《海关总署解读"绿篱"专项行动》，http://www2.customs.gov.cn/tabid/50104/Default.aspx。

元，2016 年更是达到 1207. 48 亿元，累计物流订单量完成 6. 57 亿件。而随着智能手机的全面普及，手机购物势头持续拔高，因其提供的便利性，外卖快速席卷大中小城市，订外卖成为人们生活习惯的一部分。

无论是过度包装、外卖还是快递，都为城市增加了巨量的包装垃圾，而这些包装垃圾极难回收，塑料作为最常见的包装材料，也成为最令人头疼的包装垃圾。对此，1 号店、苏宁、京东、天猫超市等电商平台推出由快递员在送货时直接回收快递盒的政策；顺丰旗下的顺丰优选也曾推出纸盒回收方案，但由于人力成本等多方因素，实施不久即被叫停；一个名为"盒尔特"的创新团队还尝试创新设计快递盒，在盒子上设计刀线，让快递盒变成收纳盒、日历、笔筒等①，还有一些使用可降解塑料代替塑料包装的尝试。但这些商业尝试都存在许多难以克服的缺陷，往往在推行一段时间后不得不因为各种原因被叫停，到目前为止仍然没有一项方案能真正解决快递、外卖等带来的巨量包装垃圾污染问题。

"消费主义"当道，让垃圾问题更加严峻，也让塑料危机日益凸显。2017 年 3 月 15 日，广东大亚湾一头抹香鲸搁浅死亡，鲸鱼身上被渔网缠绕，多处受伤，口中还有许多垃圾。同样在 2017 年 2 月，挪威海岸一条鲸鱼出现多次主动搁浅行为，研究人员将搁浅死亡后的鲸鱼解剖，发现它的胃里除了 30 多个塑料袋外，没有任何食物。研究人员表示，海洋塑料垃圾泛滥是导致鲸鱼搁浅死亡的原因之一。

英国《卫报》报道指出，全球每分钟卖出约 100 万个塑料瓶，并且这一数字在 2021 年前还将跃增 20%。而以 2016 年为例，全球回收的塑料瓶数量不到售出的一半，再造成新瓶的比例只有 7%，其余的塑料瓶都被送进垃圾填埋场、焚烧厂或大海。艾伦·麦克阿瑟基金会的研究显示，全球每年有 500 万～1300 万吨塑料流入海洋，被海鸟、鱼和其他海洋生物吃下，到 2050 年，海洋里塑料总重量将超越鱼群。②

---

① http：//mp. weixin. qq. com/s/drJk0NGyNRf4NLPi0linEw.

② 中国新闻网，http：//www. chinanews. com/gj/2017/07 – 06/8270393. shtml。

另据 2017 年发布的《食盐中塑料微粒报告》，研究人员提取了来自 8 个国家、17 种盐品牌中大于 149um 的疑似塑料颗粒，通过微拉曼光谱仪，鉴别聚合物成分来进行身份认证。结果发现，仅 1 个品牌的盐中没有发现塑料微粒，其他的品牌中塑料微粒在 1~10 颗塑料微粒/千克盐的含量。在提取的 72 个颗粒中，41.6% 是塑料聚合物，23.6% 是色素，5.50% 是无定形碳，另外 29.1% 未确认。最常见的塑料聚合物是聚丙烯（40.0%）和聚乙烯（33.3%），主要形态是碎片（63.8%），其次是细丝（25.6%）和薄膜（10.6%）。①

## 三 塑料危机催生民间行动网络

2015 年，以橡树基金会为首的一些关注海洋生态的国际基金会发现，海洋塑料垃圾已经成为海洋生态最大的危害因素，并且形势已经到了极为紧迫的地步。于是，橡树基金会开始主动找到全球最大的垃圾议题环保组织联盟——全球垃圾焚烧替代联盟（GAIA），希望借助 GAIA 在全球的网络力量，召集关注垃圾问题的环保组织，共同商议制定解决海洋塑料危机的策略。同年 10 月，在 GAIA 召集下，全球 20 多个国家 40 余人，在马尼拉召开了第一次全球应对海洋塑料问题的讨论会。2016 年 3 月，GAIA 带领的全球数家组织，与基金会、企业等，又在华盛顿召开第二次应对塑料问题的战略讨论会；2016 年 7 月，在菲律宾大雅台（Tagaytay）召开第三次战略讨论会，来自全球数十个国家的 70 多个 NGO 及基金会参与了此次国际战略会议。会议形成了全球摆脱塑料污染运动网络，确立了全球网络的 3 年目标，并发布了"摆脱塑料污染运动网络"使命与愿景。

2015 年起，以姚佳为代表的关注塑料问题的国内环保 NGO 及个人行动者开始自发形成、聚集并逐渐带动联合行动氛围。

2015 年，环保公益领域经验极少的姚佳痛心于塑料的严重污染，开始

---

① 引自 "The Presence of Microplastics in Commercial Salts from Different Countries," https://www.nature.com/articles/srep46173。

自发以笔触媒环境科学工作室名义，通过微博等自媒体平台向公众募集塑料垃圾照片，收集挑选出 100 张优秀照片，召集各地 NGO 联合开办"塑料飞扬"巡回图片展。由于照片的真实性、震撼性，图片展迅速得到大量环保组织的响应，自 2015 年底至 2017 年初，11 个城市 21 家环保组织共在商场、会场、艺术馆、学校、公共广场等地举办了 36 场"塑料飞扬"巡回图片展。目前"塑料飞扬"巡回展仍在持续不断的联动展出中。继"塑料飞扬"巡回展和环保组织形成了良好联合行动开端之后，笔触媒环境科学工作室又开始针对菜市场免费提供不达标塑料袋问题，开展"塑料袋城市扫白排行"行动，联合环保组织在 2016 年对 12 个城市 47 个菜市场进行调研，并举报不合规现象；对 2016 年"双十一"购物狂欢节产生的快递包装袋问题，发起"布袋鼠奖"快递包装线上调研；还关注了垃圾管理与环境二噁英、烟头押金制等议题，进行联合政策提议。

同时，持续关注海洋垃圾的环保组织仁渡海洋，也开始将联合行动作为重要行动策略，自 2014 年发起"守护海岸线"行动，并在 2016 年形成联合净滩和海洋垃圾监测的热潮。"守护海岸线"行动召集沿海关注环保、海洋、生态等议题的环保组织，举办联合监测培训，并每年带领网络成员组织开展 2～3 次海岸线联合净滩、联合监测行动。仅在 2017 年"六五环境日"中，仁渡海洋就联合了 11 省 19 市 70 个沿海环保组织带动至少 3558 位志愿者参与了联合净滩。

由于电商经济的持续发展，快递包装、外卖包装等也成为日益凸显的公共环境热门话题，环保组织、公众，甚至一些电商企业，在这类环境话题上很容易形成统一认知。除了姚佳带领的"双十一"快递包装联合调查外，个人行动者邓萍也在 2016 年"双十一"发起了面向公众的快递包装情况调研。此外，如前文所述的一些电商企业，也做出了诸多解决快递包装问题的商业尝试。

2016 年 9 月，零废弃联盟发起了"摆脱塑缚"行动网络，一经发起就得到两岸三地 44 家环保组织的联合署名，发布了"摆脱塑料污染全球行动网络"的愿景及 10 个目标。

## 四 联合行动启动，系统推动塑料问题解决

2016 年底，"摆脱塑缚"行动网络面对中国的塑料问题现状，制订了一项联合行动计划，联合国内关注塑料问题的环保组织、企业、学者、政府部门，共同致力于实现 4 个现阶段目标：第一，淘汰一些问题塑料产品；第二，零废弃成为中国城市和地方社区垃圾管理的一个重要实践选择，以便有效地减少、再利用、分类和回收塑料垃圾；第三，限制不合理的垃圾处理方式，如露天堆填、填埋、焚烧，以减少塑料垃圾处理带来的环境污染问题；第四，制定清晰的塑料污染问题干预五年计划，并带动强有力的执行力量。8 家环保组织：零废弃联盟、笔触媒环境科学工作室、宜居广州、仁渡海洋、草原狼环保公社、深圳零废弃、绿色昆明、芜湖生态中心，共同参与计划的执行。

1. 从产品管理角度，淘汰问题塑料产品

"摆脱塑缚"行动网络计划组建"禁塑料袋"工作组，研究针对 2008 年限塑政策的行动方案，激活城市的限塑政策执行，实现限塑令初衷，推动禁止超薄塑料袋的政策执行。

提升公众对塑料微粒的认识，发布《中国个人洗护用品中塑料微粒问题报告》，并给含塑料微粒日化产品企业寄出公开信，推动企业做出改变。

2. 零废弃成为中国城市和地方社区垃圾管理的一个重要实践选择，以便有效地减少、再利用、分类和回收塑料垃圾

在全国建立 5 个区域中心，给予零废弃机构或个人支持，在所有分类试点城市组织零废弃沙龙或公众论坛，以扩大零废弃社区的规模，让公众更加了解零废弃的概念。

开展政策倡导，针对《"十三五"全国垃圾管理规划》和《强制垃圾分类制度方案》等政策提交提案。

专门推动酒店的塑料垃圾减量，发布酒店一次性用品报告生产、使用、污染调研报告，持续游说国家旅游局出台限制或禁止酒店一次性用品使用的

政策。

3. 限制不合理的垃圾处理方式，如露天堆填、填埋、焚烧，以减少塑料垃圾处理带来的环境污染问题

开展知识普及，让公众了解塑料垃圾堆积、填埋和焚烧的危害。同时，在海洋及草原等生态和公众健康敏感区域进行干预行动，开展公众论坛，以带动公众参与保护海洋、草原的行动。面向垃圾焚烧行业，持续开展信息公开监督，以减少塑料因垃圾焚烧而造成的环境污染。

4. 制定清晰的塑料污染问题干预五年计划，并带动强有力的执行力量

组建中国塑料行动核心执行组，制定 3～5 年战略规划，组织两场全国塑料大会，带动更多行动者参与塑料运动，并帮助行动者提升能力，实践行动计划。

# 附　　录

**Appendices**

## G.16

# 环保社会组织关于《"十三五"全国城镇生活垃圾无害化处理设施建设计划（征求意见稿）》的总体建议

零废弃联盟

中央经济体制和生态文明体制改革小组、国务院相关领导、国家发展和改革委员会、住房和城乡建设部、环境保护部、商务部、农业部：

我们是关注中国生态文明建设和可持续垃圾管理的环保社会组织和环保志愿者，现就前不久发布的《"十三五"全国城镇生活垃圾无害化处理设施建设计划（征求意见稿)》（以下简称"征求意见稿"或"规划"）提出如下建议，望采纳。

## 一　"生活垃圾处理设施建设规划"应彻底转变为"生活垃圾管理发展规划"

### （一）问题

生活垃圾管理是系统工程，需要全过程和综合性视角，需要跨部门协作，因此该领域的中长期规划，不能只包含或偏重整个系统中的某一个环节，也不能仅由这个环节的主管机构来承担编制、评估和监督落实的任务。

"十一五"时期，"全国城市生活垃圾无害化处理设施建设"五年规划的编制单位不仅包含全国生活垃圾清运处理的主管部门住建部，也包含生活垃圾处理设施污染防控的主管部门国家环保总局，这才使处理设施建设与处理过程二次污染防治两项彼此紧密相连的工作规划有机统一起来，也部分地回应了生活垃圾系统管理的需求。

"十二五"时期，"全国城镇生活垃圾无害化处理设施建设规划"虽然在牵头部门上仍保留国家发改委、住建部和环保部，没有扩展到其他相关部门，尤其是与再生资源管理有关的商务部，以及与餐厨垃圾资源化利用有关的农业部，但其内容却大大丰富和扩展了，表现在对生活垃圾管理的中游环节垃圾分类收集和处理设施（特别是餐厨处理设施）的建设，垃圾分类试点城市的创建，以及垃圾处理监管体系的完善有非常具体的要求。这符合垃圾管理由只注重末端处理设施建设的"小规划"逐步向覆盖全过程、注重综合性的"大规划"转变的趋势和需求。

综上，垃圾管理的规划本完成"十二五"时期的规划中两项未尽事宜，即将规划标题名副其实地修正为"垃圾管理发展规划"，并纳入商务部和农业部等相关部门参与编制和实施。

## （二）建议

（1）由国务院相关领导牵头，成立跨部门工作组，成员包含国家发改委、住建部、环保部、商务部、农业部等与城乡垃圾管理有紧密关系的部门的代表，协作编制《"十三五"全国城乡生活垃圾管理发展规划》。

（2）规划内容应该至少包含如下五方面：垃圾产生总量和末端处理总量控制、垃圾分类推广和相关软硬件设施建设、资源化利用技术（重点是餐厨和园林垃圾的生化处理和利用、再生资源回收利用）的推广和相关设施建设、末端处理设施（即焚烧厂和填埋场）建设、处理设施监管和污染物总量控制。

## 二 依照中央关于"加快强制分类制度"的部署要求，增加垃圾分类推动工作的量化目标和刚性要求

### （一）问题

2015年9月11日，中共中央政治局审议通过的《生态文明体制改革总体方案》，明确提出"加快建立垃圾强制分类制度"。这是我党决议文件中首次提出垃圾强制分类的理念，并强调要通过制度建设来实现它，已经成为指导我国生活垃圾管理的一项政治原则。然而征求意见稿却并没有将之明确列为规划的编制前提，也未出现在"指导思想"和"基本原则"中，是不该有的一项缺失。

尽管如此，2016年6月15日发改委、住建部发布征求意见的《垃圾强制分类制度方案》，还是提出"实施垃圾强制分类制度，不仅可以有效减少垃圾的清运量和最终处理量，减轻末端处理压力，而且能够有效回收利用垃圾中的重要资源，促进资源节约型、环境友好型社会建设"，但征求意见稿完全没有体现上述方案的基本思路。

征求意见稿虽设立餐厨垃圾无害化处理和资源化利用率达30%、城市生活垃圾回收利用率达35%以上的目标，但这二者所针对的固体废弃物原本就不进入生活垃圾清运体系的餐饮垃圾和再生资源，与强制分类最直接攻坚对象——长期混收、混运、混合处理的绝大部分家庭厨余垃圾、园林垃圾、有害垃圾，以及一部分低价值可回收物和其他不可回收废弃物的分类收集、利用没有关联，也对"减少垃圾的清运量和最终处理量，减轻末端处理压力"没有显著贡献，所以根本不能体现对中央强制分类政策部署的落实。

从征求意见稿附表3的数据中也能看出，规划的实际内容和目标与强制分类制度"减少垃圾的清运量和最终处理量"的基本理念背道而驰，这种矛盾在北京市体现得非常突出。2014年底北京焚烧和填埋合计末端处理设施规模为 17321 吨/日，而预计到 2020 年底将增至 26371 吨/日，增幅达 52%。可以想象，若此规划得以实施，为了满足快速增长的末端处理设施对垃圾原料的巨大需求，未来几年垃圾管理部门非但不能想方设法推动垃圾分类，还可能被迫将原来已经分流出去的一部分可被利用的垃圾再混入，最终进入末端处理设施的废物流。

## （二）建议

（1）按照中央《生态文明体制改革总体方案》的部署要求，将"加快建立垃圾强制分类制度"明确写入"十三五"垃圾管理发展规划，作为整个规划的指导原则。

（2）将《垃圾强制分类制度方案》（征求意见稿）中提及的"有效减少垃圾的清运量和最终处理量，减轻末端处理压力，而且能够有效回收利用垃圾中的重要资源，促进资源节约型、环境友好型社会建设"的管理思路贯穿到规划制定的每一个环节。

（3）设立与"有效减少垃圾的清运量和最终处理量"直接对应的工作目标，可参考中国人民大学国家发展与战略研究院《我国城市生活垃圾"十三五"管理目标和管理模式建议》中提出的"到'十三五'末期，省会和直辖市人均垃圾日清运量不超过 0.65 千克，其他地级市不超过 0.8 千克"（2013 年该指标的全国数值为 1.11 千克）的建议，制定相关目标，作为倒逼分类工作最有力的政策工具。

（4）参照上述目标，按照各地的实际情况，重新规划家庭厨余、园林垃圾、有害垃圾、低价值可回收物这些强制分类重点对象的分类收集和处理的软硬件系统或设施的建设。

（5）将"十二五"时期的规划中基本未开展的"各省（区、市）建成一个以上生活垃圾分类示范城市"的工作及其目标，继续纳入"十三五"时期的规划，并根据最新情况，包括参考本建议内容，对已经部署的一些工作进行及时调整。

## 三 依照中央关于"树立垃圾是资源和矿产的理念"的 部署要求，增加垃圾多元化和高效资源化 利用设施建设的内容和目标

### （一）问题

2016 年 2 月 6 日，中共中央、国务院发布的《关于进一步加强城市规划建设管理工作的若干意见》提出要加强垃圾综合治理，"树立垃圾是重要资源和矿产的观念……通过分类投放收集、综合循环利用，促进垃圾减量化、资源化、无害化……推进垃圾收运处理企业化、市场化，促进垃圾清运体系与再生资源回收体系对接……力争用 5 年左右时间，基本建立餐厨废弃物和建筑垃圾回收和再生利用体系。"

征求意见稿缺乏与以上意见相关的内容，而是将垃圾焚烧作为最主要的技术路线，提出了全国 50%、东部地区 60% 的焚烧处理率目标，而多个省市（包括上海、江苏、浙江、福建、山东、青岛、深圳、海南）的焚烧比例甚至将超过 70%。

虽然垃圾焚烧发电过程能够回用一定的能源，可以算作一种"资源化处理技术"，但相比以分类收集为前提的家庭厨余和园林垃圾生化处理、可回收物（甚至是一部分有害垃圾）的材料回收利用，焚烧能源利用是一种低效且二次污染风险高的技术，不可作为优选。

征求意见稿将非焚烧的资源化和城市矿产利用技术的发展目标设置过低，或者根本没有提及，如此忽视其他技术路线的规划完全不符合"通过分类投放收集、综合循环利用，促进垃圾减量化、资源化、无害化"的政策方向。征求意见稿附表 3 显示，若规划得到落实，到 2020 年福建、深圳、广西、四川等 12 个地区将仅有填埋和焚烧两种混合垃圾处理技术路线；上海、浙江、宁波、天津、广东、重庆等 33 个地区其他处理设施所占比例也不会超过 6%，而全国合计其他处理设施比例仅有 4%，较"十二五"规划要达到的 6% 的目标不增反降。

## （二）建议

（1）遵循中央关于"垃圾是重要资源和矿产"的理念，规划建设更多元化和更高效的垃圾资源化处理设施，特别是家庭厨余和园林垃圾生化处理设施、可回收物分拣集散中心和回收利用设施、有害垃圾（特别是废电池和废灯管）的安全处置和资源化利用处理设施。

（2）餐厨垃圾（餐饮垃圾和家庭厨余）和园林垃圾等有机易腐废弃物的生化处理是重要的垃圾资源化技术路线，而处理产物的农业利用或土壤改良应用与农业管理部门的工作有紧密关联，因此农业部应参与相关规划内容的编制。

（3）通过垃圾分类，从原来混收、混运、混合处理分流出来的有一定价值的可回收物，应按照"两网融合"的发展思路，融入再生资源管理系统，因此商务部应该参与相关规划内容的编制。

# 四 依照中央关于"严守资源环境生态红线"的部署要求，增加与垃圾管理有关的总量控制指标

## （一）问题

征求意见稿没有设置生活垃圾产生总量、末端处置总量以及相关污染物排放总量的控制目标，跟不上中央关于"严守资源环境生态红线"的政策步伐。

《中共中央 国务院关于加快推进生态文明建设的意见》要求"树立底线思维，设定并严守资源消耗上限、环境质量底线、生态保护红线，将各类开发活动限制在资源环境承载能力之内。""生态红线"理念也应指导垃圾管理规划的制定，因为生活垃圾在其产生和处理的全过程不可避免会产生相当大的环境和健康危害，如果不对垃圾产生总量和污染物排放总量进行控制，必将逼近或突破生态红线。此外，设置垃圾产生总量控制目标也符合

《循环经济促进法》对"在生产、流通和消费等过程中减少资源消耗和废物产生",即所谓"减量化"的根本要求。

以控制垃圾焚烧处理产生的二噁英污染为例。据2007年发布的《中华人民共和国履行〈关于持久性有机污染物的斯德哥尔摩公约〉国家实施计划》,被列为"优先控制的二噁英重点排放源"的生活垃圾焚烧行业2004年的二噁英排放总量为338克(毒性当量)。最近科研机构估算2013年该行业二噁英排放总量达到555克(毒性当量),说明即使污染控制技术显著提高,由于垃圾焚烧总量快速增长,二噁英排放总量持续增长的趋势仍得不到有效遏制。

与此同时,一些科学研究表明我国北京、上海、广州、杭州等大城市中大气环境中的二噁英浓度已经逼近,甚至超出了环境影响评价技术标准规定的上限。说明在环境容量已趋饱和或已经饱和的状态下,任何新增污染源都会增加公众健康风险,因此有必要对垃圾焚烧总量和相应的特征污染物排放总量进行控制,而不是放任自流地任其无限制增长。

迄今为止所有的垃圾管理中长期规划都是在预期垃圾会随经济增长同步增长的假设下,被动做出末端处理设施不断扩张的规划,这显然是不可持续的,也弱了规划引领社会发展正确方向本身应有的功能。以德国21世纪初以来将经济发展与生活垃圾产生量成功脱钩(即生活垃圾产生量不随GDP的上升而上升,反而稳步下降)的经验来看,我国垃圾管理部门若积极利用规划这一政策工具,对垃圾产生总量和处理排污总量的增长进行干预,会成为"严守资源环境生态红线"的关键举措。

## (二)建议

在充分了解垃圾产生和处理现状,充分论证通过循环经济发展、垃圾强制分类、"两网融合"等战略措施所能达到的减量潜力的基础上,设置生活垃圾产生量、末端处理量、关键污染物排放量的总体量化控制目标,并对相关战略措施的相应减量效果进行具体说明。其中,末端处理总量的控制目标可参考前文建议的每日人均垃圾清运量减少目标进行推算。

# 五　修正"垃圾进入无害化处理设施等同于得到无害化处理"误区，增加强化垃圾处理设施监管的量化目标和刚性要求

## （一）问题

生活垃圾进入"无害化处理设施"后，只有在保证规范运营和连续达标排放的前提下，方可被认为得到了"无害化处理"。历次全国垃圾处理的五年规划，包括此次征求意见稿，始终将"垃圾进入无害化处理设施等同于得到无害化处理"，由此得出的所谓"无害化处理率"是不科学的。事实上，征求意见稿"仅考虑"的两种"无害化处理技术路线"——焚烧和填埋在过去五年中，频繁出现违法运营、排放超标、遭到周边公众强烈投诉的情况，这种条件下的垃圾处理显然不能被认为是"无害化"的。

根据 2016 年 7 月民间环保组织发布的《231 座生活垃圾焚烧厂信息公开与污染物排放报告》，2015 年、2016 年列入国家重点监控企业名单的焚烧厂共涉及 104 座，其中仅 77 家通过企业自行监测信息平台公布信息，而对这些垃圾焚烧厂调查发现，仅 2016 年 1 月 1 ~ 3 日就有 17 座存在超新标排放行为，超标累计达 735 次，24 座没有按要求实时公布监测数据；对浙江、福建两省垃圾焚烧厂 2016 年第一季度的监督发现，共 31 座实现实时在线公布监测信息，30 座都有超出新标准行为，累计超标达到 4682 次；而飞灰作为焚烧产生的危险废弃物，曾在 2013 年就曝出武汉锅顶山垃圾焚烧厂"未经批准擅自投入试生产，将飞灰交给无危险废物经营许可证的单位处理"等不规范运营的现状。这些事实充分证明垃圾焚烧技术恰恰才是《设施建设规模及投资核算说明》所说的"'十二五'运行情况普遍不佳"的那种技术路线。

## （二）建议

（1）对"无害化处理率"指标的计算进行定义和条件限制，只有那些

满足排污信息实时在线公开、连续达标排放、飞灰问题得到规范化处理、二噁英经过连续采样、周期性分析并验证达标条件的处理设施，才能将入厂（场）垃圾的量纳入"无害化处理率"的计算。同时，应照此标准，修正"十二五"规划垃圾"无害化处理率"指标的评估计算。

（2）应规划将全国所有生活垃圾焚烧厂列入国家重点监控企业名单，完全实现污染源监测信息100%实时在线公开。此项工作与环保管理部门紧密关联，因此环保部应参与相关规划内容的编制。

# G.17
# 北京市城市生活垃圾焚烧
# 社会成本评估报告（节选）

中国人民大学国家发展与战略研究院
中国人民大学首都发展与战略研究院

## 一　结论

### （一）垃圾焚烧代价巨大：公共财政补贴、健康损失、资源浪费

北京市在运行的 3 个生活垃圾焚烧厂，其焚烧处置社会成本 20.39 亿元，相当于 2015 年地区生产总值 22968.6 亿元的 0.089%。其中，排放二噁英类危险空气污染物造成的健康损失超七成，为 14.31 亿元；收费和各类补贴项目成本 6.08 亿元，包括支付的垃圾处理费 3 亿元和电价补贴 1.5 亿元。

每焚烧 1 吨生活垃圾，从垃圾运入焚烧厂算起，其社会成本为 1088.49 元，包括 764 元的健康损失和 325 元的各类补贴。这些补贴中包括 163 元的焚烧处理费，额外支出 62 元的电价，43 元的底灰处理补贴，32 元的税收优惠，20 元的建设费用，4.9 元的土地租金和 0.4 元的渗沥液处理补贴。为 456 元的填埋末端处置费用的 2.39 倍。焚烧并不比填埋便宜，只是成本被转移了。

在考虑收运环节后，这一成本为 2253 元。而北京市非居民生活垃圾处理费 300 元/吨，餐厨垃圾处理费 100 元/吨，居民生活垃圾处理费 40~80 元/吨，远远低于这一成本，不符合污染者付费原则。

焚烧是对有限资源的极大浪费，在生活垃圾管理更高效的国家、地区、

城市，焚烧不是处理的优先选项，资源的替代（Replace）、减量（Reduce）、重复利用（Ruse）、循环再造（Recycle）优于焚烧或填埋。财政补贴、健康损失、资源浪费是焚烧造成的三重浪费。

### （二）高产生高焚烧模式已被锁定，面临日益增加的环境风险

第一，权责的分散，补贴支付方的分散导致严重的政府失灵。各类补贴政策，尤其是电价补贴，转移城市政府成本支付的责任，垃圾分类减量、资源回收的职责已然落空：环境卫生管理部门只考虑垃圾处理费及填埋运营费，电价补贴由电网企业分摊给公众，国土资源局只考虑土地划拨，税务局只考虑减免的税收，环保部门在其中没有实质的规划决策权力。焚烧企业在各类补贴尤其是电价补贴的刺激下发电赢利。

第二，一旦焚烧厂建立起来，就会变成城市中持久性污染源。我国台湾地区的经验告诉我们，焚烧处理费不会因焚烧量的降低而立即改变，因为政府要支付高昂的违约金，高产生高焚烧的模式至少持续 25 年以上。焚烧厂设施昂贵，即使未来没有生活垃圾可以用作燃料，焚烧厂也会烧工业废弃物来维持运营，或者以生物质能源作为燃料。

第三，预计北京市 11 座焚烧厂每年造成的健康损失为 267 亿元，生活垃圾管理全过程社会成本 373 亿元，即每吨垃圾 6249.7 元。控制污染、维护健康、绿色发展的目标无从实现。

### （三）源头分类回收能显著、全面地降低垃圾管理社会成本

第一，源头分类后，其他垃圾清运量降低 2/3。如果人均生活日垃圾清运量从 0.949 千克降低至 0.287 千克，现有三个焚烧厂的处理能力即可实现北京 82.4% 人口的生活垃圾全焚烧，及 2020 年 77.76% 人口生活垃圾全焚烧。即使垃圾全焚烧，剩余垃圾仅能供一座 1000～1500t/d 的焚烧厂满负荷运营，新建焚烧厂面临巨大闲置风险。

第二，源头分类造成焚烧垃圾成分变化，实施源头分类的垃圾，由于厨余含量降低、含水率降低、热值提高、氯元素降低，渗沥液不必特别过滤处

理，用于升温的辅助燃料得到节约，烟气中二噁英浓度降低，估计每吨垃圾焚烧处置社会成本降低 230.8 元。

第三，焚烧成本降低、资源回收增加、收运成本降低，垃圾管理社会成本降低至原来的 1/3。这些节约的成本可用于促进垃圾分类回收的工作，包括法律法规建设、政策研究、宣传教育、设施建设、设备维护等。扭转现在高产生高焚烧的局面，实现绿色发展目标。

### （四）污染者付费、生产者延伸责任制是实现绿色发展的制度路径

我国台湾地区的生活垃圾管理经验表明，强制源头分类、资源回收体系建设是垃圾减量工作的必然路径。而贯穿其中的是基于污染者付费原则的"垃圾计量收费"、"源头强制分类"和基于生产者延伸责任制"资源回收管理基金"政策，前者使消费者污染责任内部化，后者使生产者责任内部化，形成降低垃圾管理社会成本的机制。

发达国家和地区在生活垃圾管理上已经有成熟的政策和经验，由于权责分散、投入不足、制度缺失，我国在源头分类及资源回收体系上还未探索出有效模式。国家发改委、住建部 2016 年联合发布的《垃圾强制分类制度方案（征求意见稿）》只对垃圾分类提出了象征性的"强制"要求，存在很多问题。时至今日，焚烧的高额社会成本和垃圾分类回收的必要性依然没有得到应有重视。


## 二　建议

### （一）立即终结电价补贴政策，其他补贴显性化

由于不符合可再生、不危害环境的条件，生活垃圾焚烧只是垃圾处置方法而非可再生能源；电价补贴帮助维持了垃圾不分类的现状，刺激焚烧厂超额发电赢利，转移地方政府分类减量责任，应立即终结对垃圾焚烧的电价补贴政策。

所得税等实施即征即退，将税收减免显性化。公开每个焚烧厂的税收减

免额度，使政府在核算焚烧成本上有更多的决策信息，在控制焚烧厂数量上，能适时降低减免额度。

渗沥液、飞灰、底灰处理按市场价收费，划定焚烧厂和下游产业责任边界，驱动焚烧厂通过控制入厂垃圾质量和技术改进降低渗沥液、飞灰、底灰产生量及处置成本。

垃圾处理费、土地划拨、建设补贴及以上补贴及税收优惠实施严格的信息公开，揭示垃圾焚烧补贴额度，使垃圾焚烧社会成本可核算、可衡量。改变相关部门对垃圾进场量及质量不关心不过问的现象，以经济激励、信息公开落实监管责任。

### （二）实施垃圾焚烧全市统筹，坚决遏制"一区一焚烧厂"格局出现

北京市焚烧厂多规划建立在区边界附近，除东城区、西城区以外，多数区均已或计划设立焚烧厂。然而焚烧污染并不以区（县）边界为边界。要实现垃圾焚烧全市统筹，根据焚烧厂周边人口统计及垃圾减量预测，建设焚烧厂，在垃圾厂服务能力覆盖范围内，只设置一座综合性垃圾处理设施，控制北京市焚烧厂数量，坚决遏制"一区一焚烧厂"格局出现。

### （三）确立权责一致的垃圾分类、减量管理部门

以节约资源使用、减少废弃物产生、促进物质回收再利用，实现可持续发展为主线，确立环保部门为主要责任部门。负责生活垃圾管理法律法规制定、规划方案制定，及设定目标达成。在该部门下设地方资源回收基金，通过基于生产者延伸责任的资金运作，促进垃圾分类回收。委员会成员均为兼任，可来自各个部门，包括政府机关代表、行业协会代表、学者、专家及社会公正人士。基金由金融机构代管，避免财政资金拨付的周期长、沟通不畅问题。委员会内部可分为稽核认证与监督委员会、基金收支管理委员会、费率核算委员会。并根据应回收废弃物的类别建立包装容器分委员会、电子电器产品分委员会、轮胎及铅酸电池分委员会、有害生

活垃圾（废旧照明光源、电池、温度计、血压计、油漆等）分委员会等。委员会确立例会制度，至少每月召开一次会议，对资源回收及基金运作事务进行决策。

## （四）尽快制定北京市生活垃圾源头分类计划，明确目标，完善法律法规体系

### 1.设定明确减量目标

在 291 个地级以上城市中，2014 年北京市地区生产总值全国排名第二，人均工资水平全国第一，生活垃圾清运量全国第一，应坚定地实施强制源头分类政策，先机构单位强制源头分类和全成本收费，后居民家庭强制分类，计量收费，制定生活垃圾强制分类、资源回收规划，设定明确的减量目标。

组织目标：到 2017 年底，确定权责集中的生活垃圾管理部门，成立地方资源回收基金委员会。

法规建设目标：2018 年底，废弃物清理、应回收废弃物、资源回收再利用三类地方性法规体系初具雏形，法规资料库实现网络查询。

数据平台建设目标：2020 年底，垃圾管理统计数据平台建立，垃圾量、管理成本、垃圾特性数据可查，实现生活垃圾管理全面信息公开。

2020 年分类减量效果目标实现，表 1 为关键绩效指标及目标值建议。

表 1　生活垃圾分类、减量关键绩效指标（建议）

| 关键绩效指标 | 评估体制 | 评估方式 | 衡量标准 | 全市目标值 | 市辖区标值 | 市辖县目标值 |
|---|---|---|---|---|---|---|
| 人均生活垃圾日清运量减量率 | 既有组织 | 数据统计 | 1 − [（人均日清运量÷历史最高年之人均日清运量）] ×100% | 35% | 45% | 35% |
| 资源回收率 | 既有组织 | 数据统计 | [（资源回收量＋厨余回收量＋巨大垃圾回收再利用量＋其他项目回收再利用量）÷垃圾产生量] ×100% | 35% | 40% | 35% |

2. 建立系统地方性法规、标准体系

建立分类、分层法规体系，并建立分类、分层法规查询系统，上下级法规间联系紧密、相互链接，如表2所示。

**表2　废弃物管理法规、标准分类分层体系**

| 分层 ＼ 分类 | 废弃物清除处理 | 应回收废弃物 | 资源回收再利用 |
|---|---|---|---|
| 地方政府法规 | 废弃物清理条例 | 应回收废弃物管理条例 | 资源回收再利用条例 |
| 地方政府规章 | 办法、细则 | 办法、细则 | 办法、细则 |
| 技术法规（强制性标准、废弃物目录） | 标准、目录 | 标准 | 标准 |

分类：如建立"废弃物清除处理""应回收废弃物""资源回收再利用"三类，体现物质在管理过程中从没有价值到认识其潜在价值或危害，再到重新使之有价值的过程。资源回收基金涉及的规范性文件主要包含在"应回收废弃物"一类中。

分层：建立由地方政府法规、地方政府规章、技术性规范组成的不断分解细化的规范体系，在上一级法规中明确下一级规范性文件的制/修订主体、规范对象。

3. 建立资源回收基金制度、实施强制源头分类、计量收费政策

实施资源回收基金制度。制度内容包括：（1）责任业者（物品及其容器的制造及输入业者）在首次制造和输入责任物时，需要向主管机关登记，并每月按照其责任物量及费率向主管机关指定的金融机构缴纳回收清除处理费。（2）回收清除处理费中不少于70%的部分拨入信托基金部分，其余拨入非营业基金部分。信托基金用于向回收业和处理业支付废弃物品及容器的回收清除处理补贴及相关费用。非营业基金用于补助、奖励各团体收集处理工作，及其他管理、技术研发、收集运输工作。（3）在回收废物获得收入的激励下，消费者、政府机构、学校、团体等，通过回收将回收物交给回收商，会得到一笔收入，回收商再交给处理厂商也能得到相应收入，处理厂商进行处理后，就能得到回收基金的相应补贴，这笔收入让处理商支付回收商

的相关费用后，仍能赚钱。（4）费率审议委员会负责确定征收费率与补贴费率，费率审议委员会确定科学的费率公式，并根据清除处理业成本调查确定费率。（5）稽核认证团体是政府购买服务的第三方机构，对责任业者和回收处理业进行监督，稽核认证团体受稽核认证监督委员会考核和监督。

实施强制源头分类。在地方性法规中明确垃圾排出者为强制分类责任者，必须进行垃圾分类，并配合相关标准（收运系统要求的分类规定，如应回收废弃物的分类种类及数量）将生活垃圾的应回收物分类交给收运系统。如果违反规定，要进行处罚。处罚的规则明确，监督到位，处罚额度要具有激励性。市主管机关负责区、县生活垃圾强制分类的协调及督导。区、县生活垃圾分类、资源回收主管部门负责本行政区内的强制分类制度落实，将强制分类纳入现行法律法规体系，负责制定当地分类办法、执行教育宣传、监督处罚、分类收运。

实施其他垃圾计量收费政策。计量收费制度是强制分类制度的经济激励手段，也是实现其他垃圾（即需末端处置的垃圾）持续减量的关键。其政策原理也是污染者付费原则。无论是随袋征收、称重征收，居民缴纳的清除处理费应反映清除处理的实际成本，该成本包括从垃圾收集、清运，到处理阶段所花费的全部成本，这一成本信息已有较成熟的统计方法，并可通过数据统计、成本调查的方式获得。

4. 建立多元开放分类回收体系

多元主体参与才能形成广泛的回收网络，市场竞争才能不断提高处理效率、降低成本。多元开放分类回收体系是改变"长期试点，效果有限"的突破口。多元开放的回收体系的参与主体包括如下。

规划管理部门：包括分类回收主管部门及下设的资源回收基金管理委员会，负责建立分类、回收制度，界定责任业者（产品生产者、进口者、销售者）责任，收取经费，以经费推动其他主体运作。

区政府及环卫部门：执行强制源头分类、分类清运，变卖所得回馈和奖励居民。

收集、回收商：与政府签订特许经营合同，向机构、公众、其他回收企

业收购资源物。

机构、居民、社区商店、拾荒者：成立自愿回收组织、建立中小回收点、进行零散回收，将回收资源出售给回收商、处理商。

特许经营管理要划定经营范围，建立公私合作，保证收集、处理企业赢利但不暴利，支撑其分类、处理业务。

### （五）对生活垃圾焚烧厂实施固定源排污许可证制度

对生活垃圾焚烧厂实施固定源排污许可证制度，尤其是焚烧厂的二噁英等危险空气污染物的排污许可证制度，通过实施危险空气污染物的剩余风险评估，确保北京市二噁英类危险空气污染物的健康风险低于百万分之一，额外的减量落实到排污许可证中。确保焚烧厂要按照排污许可证的要求提供守法证据。同时，剩余风险评估也解决了现有项目环评难以解决的区域风险控制问题。

### （六）建立生活垃圾管理统计信息平台，实现全面和彻底的信息公开

第一，统计生活垃圾管理全生命周期物质数据。分年度和月度统计，包括已有的清运量、无害化处理量（填埋、焚烧、堆肥）、设施数量、清扫面积等，除此之外还要包括人均生活垃圾日清运量、资源回收量（塑料、纸、金属、废电器电子产品、厨余垃圾、大件垃圾、有害垃圾等）、各类资源回收率、综合回收率等。

第二，统计生活垃圾管理支出调查数据。分年度调查统计，调查对象包括各级政府及所属机关、事业单位、企业；调查科目包括新购置设备支出、新购土地支出、经常性支出等；调查范围包括生活垃圾管理的收集、运输、转运、处理、处置各个环节。通过调查可以计算出生活垃圾管理的全部成本及分阶段成本，高效的生活垃圾管理的标志，一是源头分类高而末端处置低的成本结构；二是垃圾管理社会成本不断降低。

第三，统计全市各区生活垃圾特性数据。分季度调查统计，统计处置前

的生活垃圾特性，包括干基热值、湿基低位热值、湿基高位热值、含水率、垃圾成分测定、垃圾元素测定等，用生活垃圾成分分析反映分类减量效果。有效分类的生活垃圾管理应产生低含水率、高热值、低厨余含量、低氯元素含量的垃圾。

第四，将生活垃圾全面信息公开纳入法律法规体系。生活垃圾管理属于公共事务，推进生活垃圾管理在无害化前提下的低成本化，实现社会监督，运营数据应实现全面信息公开。信息公开的主体包括生活垃圾管理政府部门、资源回收基金委员会、事业单位（环卫中心、转运站、填埋场）、政府购买服务的企业（餐厨垃圾处理厂、资源收集商、资源处理商、焚烧厂），公开的信息包括清运量、处理量、填埋量、辅助燃料使用量、渗沥液产生量、飞灰量、底灰量、入厂热值、入炉热值、含水率、污染排放数据、垃圾处理费所得、售电所得、免税所得、补贴所得等，将公共事务支出和政府购买服务置于社会监督之下。为实施资源回收基金政策及计量收费政策提供决策依据。公民可以查询所有城市的相关信息。

# G.18

# 鸡蛋二噁英污染：
# 公众需要知道的十件事

毛 达*

　　由中外三家民间环保组织共同完成的《中国热点地区鸡蛋中的持久性有机污染物》报告，其重点在于自由放养鸡蛋受到二噁英类持久性有机污染物污染的情况。围绕这个问题，本文概括出报告的十点关键内容，以便于公众快速获得对自身有价值的信息。

　　（1）二噁英类化合物（Dioxin），作为最典型的一种持久性有机污染物（POPs），一部分已被列入《关于持久性有机污染物的斯德哥尔摩公约》严格管控的名录，如多氯二苯并－对－二噁英（PCDD）、多氯二苯并呋喃（PCDF）、类二噁英多氯联苯（DL－PCB），另一部分则还未得到公约及各国环境法规的有效监管，如溴代二噁英（PBDD/F）。（中国政府于2001年和2004年分别签署和批准该公约）

　　（2）自由放养鸡蛋（散养鸡蛋、走地鸡蛋）是土壤或灰尘二噁英污染的敏感指示物，以往多项研究显示，来自污染地区的自由放养鸡蛋的二噁英含量很容易超过人体健康安全的标准。

　　（3）我国还未制定鸡蛋二噁英含量限值；想要评估在中国采集的鸡蛋样品的二噁英污染水平，需参考欧盟相关标准。目前，欧盟限定每克鸡蛋脂肪中PCDD/F的二噁英毒性当量（TEQ）不得超过2.5皮克，PCDD/F＋DL－PCB二噁英毒性当量不得超过5皮克。（1皮克＝10~12克）

　　（4）三家环保组织于2013~2015年在中国6个可疑二噁英污染源采集

　　* 毛达，深圳市零废弃环保公益事业发展中心主任，北京自然之友公益基金会理事。

了 10 组自由放养鸡蛋样品，还在北京一家超市采购了一组作为对照组的产自大型养鸡场的鸡蛋样品。6 个可疑污染源是：广西北海一座冶金厂、广州李坑一座生活垃圾焚烧厂、齐齐哈尔一座聚氯乙烯厂、深圳一座生活垃圾焚烧厂、武汉一座生活垃圾焚烧厂和一座医疗废物焚烧厂（二者相互紧邻）、四川资阳一处多氯联苯电容器历史使用和贮存场地。

（5）11 组鸡蛋样品都送往欧洲获得认证的二噁英分析实验室。其中有 9 组（包含对照组）送往荷兰阿姆斯特丹的实验室，通过 DR CALUX 方法分析其二噁英水平；5 组（包含对照组）送往捷克的实验室，通过标准方法分析其二噁英水平［DR CALUX 是一种已得到欧盟认可的，专门用于可疑产品筛查的生物分析技术，检测结果用生物分析当量（BEQ）表示］。

（6）通过 DR CALUX 方法分析的所有 9 组鸡蛋样品，除购自北京超市的外，全部二噁英生物分析当量（BEQ）都超过欧盟的两项标准限值。其中 PCDD/F 超标程度为 2.3～12 倍，PCDD/F + DL‒PCB 超标程度为 1.5～7.4 倍。超标最严重的采样点为广西北海冶金厂和武汉垃圾焚烧厂附近。

（7）通过标准方法分析的所有 5 组鸡蛋样品，除购自北京超市的外，全部 PCDD/F 二噁英毒性当量（TEQ）都超过欧盟标准限值，超标程度为 1.3～4.9 倍，超标最严重的 2 组样品都来自武汉垃圾焚烧厂附近。与 DR CALUX 检测结果有所不同，5 组样品中，仅有 2 组采自武汉垃圾焚烧厂附近鸡蛋的 PCDD/F + DL‒PCB 二噁英毒性当量超过欧盟标准限值。

（8）武汉垃圾焚烧厂附近采集的自由放养鸡蛋样品受二噁英污染最为严重，按标准方法分析，PCDD/F 和 PCDD/F + DL‒PCB 二噁英毒性当量超标倍数分别达 3.6 倍和 2.7 倍以上。此外，实验室检测还发现这些样品含有高浓度的溴代二噁英、六氯苯（HCB）和多溴二苯醚（PBDE），最高含量分别达到每克脂肪 29.2 皮克二噁英毒性当量、每克鲜重 74.5 纳克和每克脂肪 1053.6 纳克。六氯苯和多溴二苯醚（一种溴化阻燃剂）也是《斯德哥尔摩公约》明确要求严格管控的持久性有机污染物。参照欧盟规定的每克鲜重不得高于 20 纳克的限值，武汉样品六氯苯含量超标近 4 倍。多溴二苯醚虽然还没有国内外的食品控制标准可以参照，但武汉样品的污染程度已达此

前被报道过的中国东部地区受严重污染的电子垃圾拆解场的水平（1 纳克 = 10～9 克）。

（9）作为对照组的，购自北京一家超市的鸡蛋样品属本地市场上一著名鸡蛋品牌，生产商常以"生态""无污染"描绘其鸡蛋养殖地。实验室分析结果表明，这些样品每克脂肪中 PCDD/F 和 PCDD/F + DL – PCB 二噁英毒性当量分别为 0.2 皮克和 0.48 皮克，都显著低于相应的欧盟标准限值（前者为 2.5 皮克，后者为 5 皮克）。

（10）报告建议：《斯德哥尔摩公约》应将同样危险的溴代二噁英列入严格管控的污染物清单；中国相关部门应重点监测二噁英类或其他无意产生的持久性有机污染物（如六氯苯）排放源附近生产的食品，并进一步削减相关污染物的排放；相关部门应大力促进基于无毒技术的废弃物循环处理，而非大量建设垃圾焚烧厂，还应参照《斯德哥尔摩公约》最佳可行技术/最佳环境实践（BAT/BEP）指南，有效改善垃圾管理。

# G.19

# 民间环保组织给《生活垃圾焚烧
# 飞灰固化稳定化处理技术标准
# （征求意见稿）》的几点建议

芜湖市生态环境保护志愿者协会 等

2017年8月18日，住建部标准定额司发出关于征求行业标准《生活垃圾焚烧飞灰固化稳定化处理技术标准（征求意见稿）》意见的函。

作为一直关注垃圾焚烧厂飞灰问题处理的环保组织，在了解到相关信息后，我们第一时间开始了解意见稿并于9月14日在北京开展了关于"垃圾焚烧飞灰处置现状及固化标准研讨会"，探讨关于此次意见稿的相关内容。

关于《生活垃圾焚烧飞灰固化稳定化处理技术标准（征求意见稿）》，我们提出5点总体性建议和对于具体条文的若干点建议。

## 一 总体意见

**建议一：将本标准修改为强制性标准**

理由和依据：本标准为焚烧厂飞灰管理的规范，也是基层管理部门的执法依据，飞灰所引发的环境问题日益凸显，标准出台的初衷是"规范飞灰处理工程设计、建设与运行管理行为，防止飞灰造成环境污染，保障飞灰安全处置和人民身体健康"，而强制性的标准更具有执行力。

205

**建议二：依据国家危险废物管理的相关规定对飞灰处理的各个环节进行管理**

理由和依据：飞灰的收集—转移—贮存—固化—运输—处置等过程都应当遵守《国家危险废物名录》《危险废物贮存污染控制标准》《危险废物转移联单管理办法》《危险废物污染防治技术政策》等危险废物管理的政策、规定和标准。其中只有 2016 年《国家危险废物名录》明确列出，飞灰经处理达到一定条件后，采取特定的处置方式，即达到一定标准后的飞灰在生活垃圾填埋场填埋或水泥窑协同处置时才有豁免。飞灰在处置之外的其他环节和上述两种方式之外的处置方式，都应严格按危险废物对待，包括飞灰进入飞灰处理站前、在飞灰处理站贮存、固化处理全过程、固化体贮存养护、固化体运输到生活垃圾填埋场的过程等。

**建议三：明确飞灰管理的各方职责，明确监督责任主体**

理由和依据：飞灰从收集—转移—贮存—固化—转移—处置整个环节涉及多方，包括焚烧厂、填埋场、环保部门和住建部门等，只有明确各方的职责，尤其是监督责任主体，才能很好地执法，避免各部门之间的推诿，解决现有的飞灰乱象。

**建议四：明确飞灰及其固化体在各个环节的取样检测主体、取样方法、检测项目、检测方法，加大检测频率，增加留样数量以备查**

理由和依据：飞灰处理各个环节都应有明确的取样检测主体，包括自行检测主体和监督性检测主体，才能有效追责。固体不像液体那样，污染物在介质中分布较为均匀，同一批飞灰的不同部位可能污染物含量都不一样，因此取样方法应更加科学。各个环节飞灰检测相应主体所做的检测项目和检测方法，应该明确且尽量保持一致，这样结果才有可比性。因为飞灰是危险废物，应通过加大检测频率的方式来确保其环境健康风险可控。飞灰处理站入厂飞灰、处理后的固化体，以及填埋场入场飞灰应当每天留样，以备相应的、确定的管理部门（即监督性检测主体）抽查。

### 建议五：本标准应确保飞灰稳定固化和固化体填埋后，能长期有效控制有害物质释放到环境中

理由和依据：已有研究表明，飞灰尽管经过"稳定固化"，但飞灰中有相当一部分是可溶性氯盐，容易使固化的飞灰再次碎裂，在进入生活垃圾填埋场一段时间之后，其中的重金属、二噁英等有害物质仍会随垃圾渗滤液浸出，使得填埋场成为二次污染源。因此，本标准应该克服飞灰固化－填埋工艺的弱点，减少乃至避免发生上述情况，才能真正实现本标准"保障飞灰安全处理和人民身体健康"的目的。

## 二 针对具体条文的意见

3.0.7　飞灰处理站应详细记载每日接收、贮存及处理的飞灰数量，记录处置固化体数量、事故或其他异常情况等，按规定填写、提交和保存飞灰及飞灰固化体转移联单。

建议："飞灰及飞灰固化体转移联单"修改为"危险废物转移联单"。

理由和依据："飞灰及飞灰固化体转移联单"在法律上没有明确和详细的要求，而飞灰属于危险废物，危险废物转移应该按照《危险废物转移联单管理办法》的要求执行危险废物转移联单制度，同时，根据 2016 年的《国家危险废物名录》，满足要求的生活垃圾焚烧飞灰"填埋过程不按危险废物管理"，但危险废物转移联单制度属于危险废物"转移"环节，不在过程性豁免的范围内，应该按照《危险废物转移联单管理办法》执行危险废物转移联单制度。同时，按照环保部 2016 年 9 月 18 日公文环环监函〔2016〕188 号第一点"因此在填埋之前的全部过程均按危险废物管理"。

4.1.1　飞灰处理站宜采用封闭或半封闭建筑结构形式，配套必要的通风、除尘和废水收集设施。

建议：删除"半封闭建筑结构形式"。

理由和依据："宜采用"是建议性的语言，封闭建筑结构可以更好地进

行防护。另外，既然说到封闭结构，那技术上就是可行的。

4.4.1 焚烧厂外飞灰处理站的总图设计应符合下列要求："7. 飞灰处理站物料贮存区、固化车间和固化体养护区应设置排水沟和工艺水池，区域内地面向排水沟做坡，地面应采用防渗结构。"

建议：飞灰处理站物料贮存区、固化车间和固化体养护区应按照《危险废物贮存污染控制标准》的要求。

理由和依据：按照 2016 年度《国家危险废物名录》的规定，飞灰属于危险废物，飞灰在焚烧厂内的贮存、固化和固化体养护都属于危险废物贮存环节。

4.4.8 飞灰处理站应建有飞灰固化体养护区，设置棚仓挡雨遮阳。养护区面积应根据飞灰处理规模和飞灰固化体初期稳定要求确定，且按额定处理能力作业时，至少应满足连续 3 天的飞灰固化体养护需求。

建议："应满足连续 3 天的飞灰固化养护需求"修改为"应该满足 15 天飞灰固化体养护需求"。

理由和依据：按照本标准 3.0.2 的规定，飞灰应该满足相应的要求才可以出焚烧厂，而第三方检测需要的时间约 10 天，故应延长养护时间，扩大焚烧厂养护能力。

4.5.6 分析鉴别系统应符合下列要求："3. 分析实验室分析能力应满足评价项目要求，至少应具备含水率和铅、砷、铬、镉和汞等重金属元素的检测能力，超出检测能力的项目，可采用社会化协作方式解决。"

建议：飞灰处理站应该能够对于《生活垃圾填埋场污染控制标准》中要求的 12 项重金属全部进行检测。"可采用社会化协作方式解决"修改为"应采用社会化协作方式解决"。

理由和依据：按照本标准，管理部门每个月不定期的检测难以代表飞灰毒性，所以需要焚烧厂自主进行监测，而除了几项较为重要的重金属外，应该对《生活垃圾填埋场污染控制标准》中要求的 12 项重金属全部进行检测，不能自测的检测项目应送第三方检测，才能保证飞灰进入填埋场时，所有检测指标都达标。

5.5.1　焚烧厂外飞灰处理站垃圾焚烧飞灰接收应执行《危险废物转移联单管理办法》。交接时应认真核对飞灰的数量、标识等，确认与危险废物转移联单是否相符，并应对接收的飞灰及时登记。

建议：应该按照《国家危废名录》和《危险废物转移联单管理办法》的要求，规定无论是飞灰处理站接受飞灰还是飞灰固化体运输都应该执行危险废物联单制度。

理由和依据：飞灰属于危险废物，飞灰是否固化并没有改变危险废物的属性，危险废物转移应该按照《危险废物转移联单管理办法》的要求执行危险废物转移联单制度，同时，根据 2016 年的《国家危险废物名录》，满足要求的生活垃圾焚烧飞灰"填埋过程不按危险废物管理"，但危险废物转移联单制度属于危险废物"转移"环节，不在过程性豁免的范围内，应该按照《危险废物转移联单管理办法》执行危险废物转移联单制度。同时，按照环保部 2016 年 9 月 18 日公文环环监函〔2016〕188 号第一点"因此在填埋之前的全部过程均按危险废物管理"。所以，飞灰固化体依然属于危险废物，转移环节应执行危险废物联单制度。

5.5.3　焚烧厂内垃圾焚烧飞灰应采用密闭装置进行转运，并应定期检查转运系统的密闭性。

建议：应该规定焚烧厂内飞灰和飞灰固化体均应该采用密闭装置进行转运，并应定期检查转运系统的密闭性，按照《危险废物转移联单管理办法》的要求填写危险废物联单。

理由和依据：按照环保部 2016 年 9 月 18 日公文环环监函〔2016〕188 号第一点"因此在填埋之前的全部过程均按危险废物管理"。

5.5.4　应至少每周 1 次采用便携式重金属分析仪对进站飞灰进行采样分析，并应结合分析结果及时进行实验室分析。

建议：应该对于便携式金属分析仪有统一的明确规定，规定检测项目至少包括《生活垃圾填埋场污染控制标准》中所列的 12 项重金属，并且对每批次飞灰和飞灰固化体都进行检测。

理由和依据：便携式重金属分析仪、自有实验室应当检测频率更高，保

证运入和运出飞灰处理站的每批次飞灰和飞灰固化体都应当留有分析数据，并且保证运出的飞灰固化体能达到《生活垃圾填埋场污染控制标准》的要求。

5.8.4　初期稳定的飞灰固化体性能应满足下列要求，只有同时满足下列性能指标的飞灰固化体才能离开飞灰处理站。

建议：应该增加飞灰固化体必须装入容器，使用密闭车辆运输的规定。

理由和依据：根据《危险废物污染防治技术政策》3.1　危险废物要根据其成分，用符合国家标准的专门容器分类收集；3.2　装运危险废物的容器应根据危险废物的不同特性而设计，不易破损、变形、老化，能有效地防止渗漏、扩散。装有危险废物的容器必须贴有标签，在标签上详细标明危险废物的名称、重量、成分、特性以及发生泄漏、扩散污染事故时的应急措施和补救方法。飞灰属于危险废物，同时根据上文描述，飞灰固化并没有改变危险废物的特性，飞灰固化体依然属于危险废物，应按照危险废物的相关法律要求进行管理。

5.8.7　管理部门应每个月不定期对飞灰固化体进行抽样，应委托具有资质的第三方进行检测和效果评定，并应留样备查，飞灰固化体质量不达标时，应加密抽检。

建议：应该明确"管理部门"具体是指环卫部门还是环保部门，明确每月至少不定期取样两次，外运的飞灰固化体每批次留样备查，检测报告应在国控企业信息平台上及时对外公开。

理由和依据："管理部门"的描述过于模糊，行业标准是焚烧厂飞灰管理的规范也是基层管理部门的执法依据，可以有效避免政府各部门之间的推诿。同时，飞灰毒性具有不稳定性，应要求明确后的管理部门每月至少不定期取样送第三方检测两次。每批次留样备查一方面可以使飞灰处理站努力做到每批次飞灰都处理达标，另一方面在出现异常问题的时候可以追溯。

表 3.0.3　飞灰元素分析/（mg/kg）

建议：采用最新的飞灰样品进行元素分析。

理由和依据：目前的编制说明采用的是 2005 年飞灰样品进行元素分析，

而且氧元素、碳元素和氯元素都没有呈现，远远无法反映飞灰成分的全貌；而氯元素的大量存在会造成飞灰固化体强度不足，容易重新碎成粉末状。另外，2005 年我国的垃圾焚烧厂烟气净化情况和现在不能同日而语，和现在的垃圾焚烧状况差别很大，不能以此说明现有的问题。

# 三　二噁英小档案

二噁英（Dioxin）常被媒体形容为"世纪之毒"。从科学上理解，它是一种典型的持久性有机污染物，具有高毒性、持久性、生物积累性和长距离迁移性这四大特征。

所谓高毒性，主要表现在它的"三致效应"上，即对人和动物有致癌性、致畸性和致基因突变性。持久性和生物积累性则相互关联。由于二噁英具有很强的化学稳定性，不容易被自然降解，所以一旦进入动物体内或人体，就会被脂肪组织吸收，长久驻留。科学家估计，二噁英在人体内的半衰期为 7 ~ 11 年。此外，二噁英在生物体内的蓄积程度会沿食物链逐级放大，而人类处于食物链的最顶端，因此可能受到的危害最为严重。所谓长距离迁移性，是指二噁英可以通过大气环流被运输至很远的距离，特别是从低纬度地区运输到高纬度地区，所以它也被视为一种全球污染物。

必须注意的是，"二噁英"并不是一种化学物质的名称，而多用来泛指许多具有相似物理、化学和生物特性的化学品。在一般的文献中，"二噁英"主要包含多氯二苯并 - 对 - 二噁英（PCDD）和多氯二苯并呋喃（PCDF）两类物质。某些多氯联苯（PCB）类物质因具有和前两类物质相似的毒性，也会被归在"二噁英"名下。目前，大约有 419 种二噁英类化合物被确定，但其中只有近 30 种被认为具有较强的毒性，且以 2，3，7，8 - 四氯二苯并 - 对 - 二噁英（2，3，7，8 - TCDD）的毒性最大。

世界卫生组织的相关网站介绍，二噁英主要来自工业生产过程，包括含氯化学品生产、废弃物焚烧、金属冶炼、纸浆氯漂白的副产品，但也可能来自自然过程，如火山爆发和森林火灾。尽管二噁英来源于一些特定的地方，

但其环境分布是全球性的。世界上几乎所有环境媒介都发现有二噁英，蓄积最严重的地方是土壤、沉积物和食品，特别是乳制品、肉类、鱼类和贝壳类食品，而植物、水和空气中的二噁英含量则非常低。

历史上曾经发生过一些非常严重的二噁英污染事件。例如，1976年，意大利塞维索（Seveso）一座氯酚化工厂发生爆炸事故，大量二噁英泄漏到环境中，使方圆15平方公里的范围遭受污染，数不清的动物和牲畜死亡，近200位居民罹患严重的氯痤疮——一种急性二噁英中毒的典型症状。其后，持续30年的健康跟踪研究显示，受害人群中某些癌症的发病率有所增加，其生育能力及子女的健康也受到影响。

1965~1970年，美国军队在越南战争中利用军用运输机，向战场、农田、营地、交通运输线投撒了大量含二噁英的植物清除农药，名为"橙剂"（Agent Orange），致使无数越南本地军民及许多美军官兵暴露于二噁英。在受害者对美国政府及农药生产商提出索赔、诉讼之后，其健康问题逐步得到研究，他们所患的一些疾病，如某些类型的癌症和糖尿病已被认为和越战二噁英暴露经历有关。

1999年，比利时食品监管部门在家禽和蛋类中发现了高浓度的二噁英。紧接着，遭二噁英污染的动物类食品（家禽、蛋、猪肉）相继在其他国家发现。后来科学家证实，事故的祸根是动物饲料被非法掺入含多氯联苯的工业废油。

曾被报道过的二噁英灾难还有几起人为投毒事件，尤其引人注目的是发生在2004年的乌克兰前总统维克托·尤先科的二噁英中毒悲剧。事后，他的面部因患氯痤疮而被损毁。

# G.20

# 关于《垃圾强制分类制度方案（征求意见稿）》的几点意见

北京自然之友环境研究所

北京零废弃项目组

磐石环境与能源研究所

广州笔触媒笔环境科学工作室

深圳零废弃环保公益事业发展中心

零废弃联盟

• 《垃圾强制分类制度方案（征求意见稿）》，从标题解读，就应该是以"强制"为最重要的原则，并作为该征求意见稿的基调，并解释垃圾强制分类的要求，以及不同行为主体政府、企业、公共机构、居民在垃圾分类层面上强制性的义务。鼓励性的原则不应该出现或者作为主要基调出现在此征求意见稿中。

所谓的强制性，应体现在如下新的政策和制度安排中。政府：要为强制分类立法立规、订立强制执行的垃圾焚烧和填埋的减量目标，建立分类收集和处理的硬件设施、分配足够的财政资源、建立多方参与的回收基金。企业：循环经济促进法下的强制回收目录要激活并逐步扩大，目录内的产品，企业要强制回收，或向回收基金缴费，委托专业机构回收。公共机构、社区和居民：不分类不收集，或不分类多缴费，或不分类要承担法律责任。强制分类的最终目标是减少混合垃圾产生量和处置量，实现"不分类不收集，分好类必回收"的新常态。

• 强制性分类制度方案，应分别对社会集中源和居民分散源进行"强制性"要求，突破现有意见稿中的公共机构和相关企业。

该征求意见稿，目前只将公共机构、相关企业社会集中源作为强制对象，而忽略了居民源垃圾的强制分类，若缺少对居民分散源强制性的要求，垃圾强制分类意见稿在现有法案上没有更进一步的突破，没有满足社会期望，也未能真正贯彻《中共中央　国务院关于加快推进生态文明建设的意见》和《生态文明体制改革总体方案》。因而建议：垃圾强制分类意见稿是以居民分散源、社会集中源（公共机构、相关企业）为强制对象，并基于此修改现有方案中的表述和相关条文。

● 垃圾强制分类意见稿，只针对计划城市的城区范围内，完全忽视了农村垃圾分类的意义，建议强制垃圾分类范围扩大至农村地区，并补充符合农村社会经济条件的条款。

● 垃圾强制分类意见稿中"必须将有害垃圾作为强制分类的类别；同时，可在易腐垃圾、可回收物、特殊行业废弃物等几种分类中，再选择并规定至少 1 类进行强制分类"，更改为文中提及的有害垃圾、可回收物、易腐垃圾（包括社会集中源和居民分散源的餐厨垃圾，以及园林绿化垃圾）同时强制分类。

● 现有征求意见稿中的目标设置突破性不大，需要增强"减少焚烧和填埋的处理总量和人均处理量"两个减量指标，这是垃圾分类更为根本性的目标。

征求意见稿中目标的设定，尤其是"生活垃圾分类收集覆盖率达到90％以上"这一指标没有实质性意义，垃圾分类是分类收集、运输、处理的一个系统性工程，而中国的垃圾分类已经提出了近20年，有了近20年的失败经验，需要从中吸取教训，设置关键性目标，而不是止步不前。而垃圾分类最根本性的目标是减少焚烧和填埋的处理总量和人均处理量，没有这两个减量目标，强制分类就没有方向，不能形成倒逼机制。过去20年的"假分类、真混合"还会继续重演。

# G.21
## 零废弃联盟关于《快递暂行条例（征求意见稿）》的意见和建议

自然之友

国务院法制办：

我们是长期关注生活垃圾减量分类和垃圾管理改善的环保组织和志愿者。近日，贵办就《快递暂行条例（征求意见稿）》（以下简称《条例》）向全社会公开征集意见，我们特别关心其中与生活垃圾相关的快递包装问题。

近年来，我国网购和快递业迅速发展，导致快递包装物大量增加。据统计，2012～2016年，我国快递量从 56.9 亿件急速上升至 312.8 亿件，年均增长率达50%以上。据初步估算，2016年快递业消耗编织袋44.8亿条、塑料袋125亿个、包装箱150亿个、胶带257亿米、缓冲物45亿个。许多电商商家为了保护商品进行了二次包装，快递公司对于包装尺寸的要求也各不相同，包装箱往往"大材小用"，还要使用大量填充物。

由此带来的除了资源的巨大浪费，还有垃圾处理压力剧增。快递使用的塑料袋、胶带、缓冲物等塑料产品在使用后难以回收，只能填埋或焚烧；很多纸箱也因为缠绕大量胶带而无法再生利用；即使是可降解塑料袋也只在特定环境中才能降解或不能完全降解，而且实际中由于无法和普通塑料袋分开，也只能一起填埋焚烧。

所幸的是，2016年12月21日，习近平总书记提出要"普遍推行垃圾分类制度"的指示。2017年3月底，国务院办公厅转发了《生活垃圾分类制度实施方案》，在46个城市实行强制垃圾分类。这说明国家对垃圾问题的重视程度越来越高。

目前的《条例》中，只有第九条是有关快递包装的：国家鼓励经营快递

业务的企业和寄件人使用可降解、可重复利用的环保包装材料，鼓励经营快递业务的企业采取措施回收快件包装，实现包装材料的减量化利用和再利用。

其中存在一些问题值得商榷。

（1）第九条的语句顺序应体现问题的重要性。首先，快递包装材料的使用和废弃过程应当按照废弃物管理的优先顺序，将减少使用（Reduce）、可重复利用（Reuse）、再生利用（Recycle）和无毒无害设定为目标是最重要的，也是与《循环经济促进法》等法律法规相匹配的，还能体现政府对人民健康的重视，应开宗明义地指明这一点。而目前第九条第一分句中，将可降解放在可重复利用之前，容易使读者对优先顺序产生误解。其次，应该列出鼓励采用快递包装的生态设计、建立快递包装的回收体系等手段。最后，使用什么材料，"环保包装材料"指的是什么，这是技术性问题，建议不用直接在《条例》中写明，而应考虑与现有的法律法规、标准相衔接。

（2）可降解材料是否值得鼓励是存在争议的。首先，由于我国目前对可降解材料缺乏明确标准，市面上有很多"可降解包装"只是部分降解，剩下的部分反而由于碎片化而造成更大的问题；其次，即使是真正完全可降解的包装，也会因为缺乏单独的回收体系，而和普通塑料包装一样进入填埋场或焚烧厂，而无法真正进入降解处理环节；再次，还需要注意的是，可降解材料从本质上说仍然是一次性包装，同样会产生大量废弃；最后，若生产和使用量过大，还会出现与粮食争地的情况。这也是为什么目前科研领域众多关于不同种类轻质包装材料（通常为化石基塑料、生物基塑料、纸）的全生命周期（从原料开采、生产、运输、销售、使用、废弃的整个链条）环境影响比较研究，无法得出一次性可降解塑料包装材料的环保表现总体优于其他一次性包装材料结论的原因，甚至还存在前者在某些方面劣于后者的情况。因此，在对待可降解材料方面需要更加谨慎。

另外，我们还建议《条例》对快递包装做出更具体的规定。

（1）应当在《条例》第一条中明确将减少快递包装对环境的影响作为制定条例的目的之一。

（2）有关快递包装的内容应自成一章。

（3）快递包装管理工作应突出政府的主导作用，以废弃物管理优先顺序为原则，制定明确的目标，而不能只靠企业自觉。

（4）有关部门应当依据《循环经济促进法》和其他相关法律法规，按照废弃物管理的优先顺序，将快递包装材质和操作流程分成鼓励、限制和禁止类别，制定快递包装强制回收名录、标准和管理办法，主导建立回收体系，设定各类快递包装的重复利用目标和再生利用目标。

可回收不仅是材质的问题，而与企业的操作流程、回收体系的完善程度密切相关。例如，纸箱原本是可回收的，但是缠上了很多圈胶带之后，就难以回收了。另外，布局合理、运营稳定的回收体系，将促进快递包装再生利用。因此，应该对有利于快递回收标准化流程，而不仅是材质做出规定。

（5）应建立生产者延伸责任制和污染者负责的制度，将回收处理费计入快递包装成本。

传统的快递包装在计算成本的时候并未考虑废弃后的环境代价。这就导致环境不友好，但价格低廉的快递包装充斥市场，环境友好的包装（例如可重复使用的包装）由于价格不占优，受到排挤。应该建立一种制度，将快递包装的回收处理费加在价格上。快递包装出厂时，包装生产企业就要缴纳回收处理费，形成回收基金；若快递企业能将该包装回收，就能从回收基金中获得相关费用；消费者如果将该包装交回给快递企业或其指定的回收企业，也能返还相关费用。只有这样，环境友好型包装材料才会因为要缴纳的回收处理费少，而获得市场优势。

（6）快递企业应按照有关管理办法的要求，完成快递包装重复利用目标，将完成情况计入企业诚信体系。快递行业协会和主管部门对企业进行考评。

（7）对于列入强制回收快递包装名录的快递包装，快递企业或其委托的有相关资质的企业应按照有关管理办法的要求，进行分类回收和再生利用。

（8）有关部门应制定快递包装信息统计制度和统计方法，向企业收集相关信息，并向社会公开。相关企业还应对快递包装的类型和操作流程、使用量和回收量等信息进行统计，定期提交给相关政府部门。因为有关部门只

有定期获得上述信息，才能了解哪些快递包装是废弃最多的，哪些是最难以回收的，才能制定符合实际的名录和管理办法，并评估政策执行的效果。

## 参考文献

Troy A. Hottle，Melissa M. Bilec，Amy E. Landis. Sustainability assessments of bio-based polymers. Polymer Degradation and Stability 2013；98：1898 – 1907.

Troy A. Hottle，Melissa M. Bilec，Amy E. Landis. Biopolymer production and end of life comparisons using life cycle assessment. Resources，Conservation and Recycling 2017；122：295 – 306.

Karli James，Tim Grant. LCA of Degradable Plastic Bags.

Chris Edwards，Gary Parker. 2012. A Life Cycle Assessment of Oxo-Biodegradable，Compostable and Conventional Bags. Intertek Expert Services.

Chet Chaffee，Bernard R. Yaros. Life Cycle Assessment for Three Types of Grocery Bags-Recyclable Plastic；Compostable，Biodegradable Plastic；and Recycled，Recyclable Paper. Boustead Consulting & Associates Ltd.

Trevor Zink、Roland Geyer、徐立群：《根本没有绿色产品这回事》，《中国社会组织》2016 年第 8 期。

《生物塑料是否环保需引入生命周期分析》，《中国包装报》2011 年 7 月 5 日，第 2 版。

# G．22
# 零废弃联盟关于
# 《生活垃圾焚烧污染控制标准》
# （GB 18485 –2014）的修改意见

国家环境保护部：

我们是关注垃圾污染及其健康影响的环保组织和志愿者。近日，贵部公示了《生活垃圾焚烧污染控制标准》（GB 18485 – 2014）修改单，并征求意见。

根据目前国标和环境标准，二噁英监测每年 1 次，每次采集 3 个样品，每个样品的采样时间不小于 2 个小时，采样间隔为 6 ~ 8 个小时。也就是说，采样是在 1 天中的 18 ~ 22 个小时内完成的。而贵部本次修改单将上述规定改为：对于二噁英类的监测，应在 6 ~ 12 个小时内完成不少于 3 个样品的采集。减少采样人员高空作业的时间，提高工作人员的安全性，是本次修改单考虑的重点，对此我们也持认同态度；但是，采集所有二噁英样品的总时长缩短一半左右，会导致代表性比原标准差。

更重要的是，《生活垃圾焚烧污染控制标准》（GB 18485 – 2014）实施已有 3 年时间，生活垃圾焚烧污染物采样监测的相关技术、标准和实践都已经发生了较大变化，国家对环境保护和人民身体健康的重视也上升到了新的层次。因此，希望贵部对上述标准进行较为全面的审视，考虑采样时长之外的其他重要问题。我们的建议如下。

（1）增加烟气二噁英半连续性检测方法、监测要求和与之相对应的限值。

已有的科学研究表明，生活垃圾焚烧的二噁英排放水平，因受到多种因素的影响，波动很大。尤其在启停炉和非正常工况下，其排放浓度和排放量可较平时正常状态高很多。所以，如果要掌握一座焚烧厂长期的、总体的、

真实的二噁英排放情况，需保证采样具有统计学代表性。

很显然，按照《生活垃圾焚烧污染控制标准》（GB 18485 - 2014）所取得的样品只能代表1天内的排放情况，而这1天内的排放情况很难说能代表全年的排放情况；而修改单要求在6~12个小时内完成采样，将使本来就很差的代表性雪上加霜。

此外，造成目前国标采样检测要求难以反映焚烧厂长期真实二噁英排放情况的另一因素是焚烧厂完全有能力为短至一天或半天的监测活动，将其运行工况调整至"最佳"，而此工况本身就不能代表全年一般的运行情况，得出的检测结果就更不能说明焚烧厂的实际污染情况。

为了有效应对上述问题，《关于持久性有机污染物的斯德哥尔摩公约》下的《最佳可行技术/最佳环境实践（BAT/BEP）导则》（2006年）在已有成功实践的基础上，向包括我国在内的缔约方提出了实施半连续性检测（连续采样、周期分析）二噁英的建议。到目前，这种二噁英监测方法已被世界上的多个国家或地区，尤其是垃圾焚烧监管最严格的欧洲国家或地区采纳，甚至成为当地垃圾焚烧监管的法规强制性要求，例如比利时弗兰德斯省（自2000年）和瓦隆省（自2001年）、法国（自2010年）、意大利伦巴第大区（自2006年）。据不完全统计，2000年以来，全球范围内相关监测设备的装配量已近500套。超过15年的实践经验表明，半连续性监测方法揭示了焚烧厂大量非正常工况以及"预期外"二噁英超标排放的情况明显存在，并有效促使焚烧厂不断改善运营、降低排放。据报道，该监测技术在比利时瓦隆省强制实施后，全省二噁英整体排放因子减少到原来的1/20。

就标准的具体修订内容而言，我们建议：要求焚烧厂安装半连续性烟气二噁英采样设备（新建项目必须安装，已有项目可给予适当的过渡期），每月进行一次采样检测，采样时长为一个月整（相关监测技术的采样时长范围可达6小时~6周），检测结果不得高于0.1 ng TEQ/m³。

上述建议如果实施，意味着一年365天，每天焚烧厂烟气二噁英的排放情况都可以得到监测覆盖，这是最能体现焚烧厂二噁英污染长期情况的最佳方法。此建议参考了欧盟即将被审议通过的垃圾焚烧行业"最佳可行技术参考文件"的相关规定。由于欧盟环境法规体系已将该文件的结论部分规定为新项目的审批依据之一，也具有强制性，其目的是保证焚烧厂在非正常工况下也能满足欧盟现行的排放污染物排放限值，所以也对我国有重要的借鉴意义。

（2）如果仍然要采取人工在一天之内采样的方式，那么就应当全面公开采样时的运行工况，并且将全年的监测次数增加到 2 次以上。

众所周知，运行工况不同，焚烧厂所排放二噁英浓度的差别可达数十倍甚至数百倍。公开运行工况，是要公开采样时的所焚烧的垃圾组分、添加辅助燃料的比例、污染控制设备运行的情况，并与焚烧厂平时运行时的情况相比较。只有在上述几种工况都相差不大时，才能认为采样较有代表性。如果采样时焚烧厂将焚烧的垃圾换成大量纸类、塑料等高热值垃圾，或添加大量辅助燃料，采样就不具有代表性，甚至有舞弊的嫌疑。

每年监测至少 2 次也是为了提高代表性，但采样 2 天仍然远不如一个月连续采样的代表性强。

（3）应对焚烧飞灰提出出厂处理要求，进行出厂监测，并规定采样方法和检测方法。

目前的 GB 18485－2014 中尽管说明生活垃圾焚烧飞灰应按危险废物进行管理，但并未明确规定应进行出厂监测。而且按照《关于城市生活垃圾焚烧飞灰处置有关问题的复函》（环办函〔2014〕122 号），在生活垃圾焚烧厂自行对飞灰进行处理后符合《生活垃圾填埋污染控制标准》（GB16889－2008）相关要求的情况下，接受飞灰进行分区填埋的生活垃圾填埋场不需要申请领取危险废物经营许可证。

在现实中却存在这样的情况：地方环保部门误解为不需要对飞灰的收集、贮存、运输、处置采取五联单；飞灰只做一次检测达标后，就一直可以进入不具备危险废物经营许可证的填埋场，而这次检测可能并不具有代表性。

我们建议：作为排放端，飞灰在出焚烧厂时，就应根据指定的去向，达到一定的处理要求，并对处理后的飞灰按照相应的方法进行监测。建议每批

次都要保留样品，由环保部门定期按一定比例抽检，并根据特殊需求进行检测。检测不合格，视为焚烧厂排放超标。

（4）全面向欧盟标准看齐，在国标中加入氟化氢和总有机碳这两项，并且所有监测项目在数值上应达到欧盟水平。

GB 18485 - 2014 的颗粒物日均值、氯化氢日均值、二氧化硫日均值、氮氧化物日均值、一氧化碳日均值、镉 + 铊测定均值、铅及其他测定均值都比欧盟标准宽松，而且对氟化氢和总有机碳没有规定排放限制。深圳市地方标准《深圳市生活垃圾处理设施运营规范》（SZDB/Z 233 - 2017）已经对氟化氢和总有机碳的排放进行限制，说明这在国内也是可以做到的。

另外，欧盟将要求焚烧厂执行最佳可行技术，比欧盟标准还要严格（最严格项目可达 10 倍），因此全面向欧盟标准看齐应该成为《生活垃圾焚烧污染控制标准》修改的最低要求。

（5）禁止国家或地方规定的列入"强制回收"类别的垃圾进入焚烧厂。

《关于持久性有机污染物的斯德哥尔摩公约》《最佳可行技术/最佳环境实践（BAT/BEP）导则》还提出，为减少焚烧厂二噁英生成和排放，应"优先考虑替代措施，仔细评估，防止多种有害物产生；重视焚烧前的分类和减量"。

结合我国目前垃圾强制分类制度建设不断深入的新形势，将会有越来越多类别的生活垃圾将要求强制回收，成为"可再生资源"或进行更安全的处理，包括餐厨垃圾、各种可回收物、有害垃圾等。为此，禁止国家或地方规定的列入"强制回收"类别的垃圾进入焚烧厂，不仅可以积极落实公约和导则的建议，有效降低焚烧厂的二噁英污染（以及其他污染），还可以形成一种有力的"倒逼机制"，促进垃圾强制分类的各项制度和措施尽快落实。

另外，针对《生活垃圾焚烧污染控制标准》（GB 18485 - 2014）过去执行中存在的问题，我们还有两条建议。

（1）应明确规定违反 GB 18485 - 2014 第 7.3 条，每次故障或事故持续排放污染物时间超过 4 小时的；违反第 7.4 条，每年启动、停炉过程排放污染物的持续时间以及发生故障或事故排放污染物持续时间累积超过 60 小时的，算超标排放，环保部门可以依据相关法律法规进行处罚。

在实践中，有环保志愿者根据国家重点监测企业信息公开平台等数据，向地方环保部门举报焚烧厂排放超标，但地方环保部门向企业询问后，企业答复称超标是因为出现故障。尽管从超标的时长看，已经超过了 GB 18485 – 2014 第 7.3 条、第 7.4 条所允许的时长，但地方环保部门却称无法据此对企业进行处罚。生活垃圾焚烧厂以故障为理由，竟能逃避环保部门的处罚，这是非常不合理的。

（2）应明确所有的监测数据都应在所在地环保部门的互联网信息公开平台上公示。

目前的 GB 18485 – 2014 中提到监测数据公示的有：第 9.1 条，焚烧企业对污染物排放状况及其对周边环境质量的影响开展自行监测，并公布监测结果；第 9.7 条，焚烧企业应设置工况在线监测装置，监测结果应采用电子屏公示，并与有关部门监控中心联网；第 9.8 条，焚烧企业烟气在线监测结果应采用电子屏公示，并与有关部门监控中心联网。

建议生活垃圾焚烧厂运行企业自行监测的所有数据，而不仅是在线监测数据，都应在所在地环保部门的互联网信息公开平台上公示；环保部门对焚烧厂日常监督性监测所获得的所有数据，也应在本部门的互联网信息公开平台上公示。这样，公众才能最便捷地知晓焚烧厂排放信息，在排放达标的情况下增强对焚烧厂的信任，在不达标的情况下对焚烧厂进行高效监督。

# G.23
# 我国土壤污染立法现状调研及立法建议（节选）

*自然之友* *

2013 年至今，自然之友持续在湖南、重庆、云南、天津、河南、新疆、河北、山东、山西、湖北等地开展土壤和地下水污染方面的调查研究。调查发现，各地铬渣等废渣（含危险废物）处置不当情况较多，发现企业违法排污等现象较为严重，造成土壤、地下水污染。

基于调研和研究的内容，以及土壤污染相关环境公益诉讼实践，我们针对正在制定的《土壤污染防治法》提出以下立法建议。

（1）应在该法律中明确规定土壤污染治理和修复的责任主体确定规则。

法律的核心是确责和追责，法律规制的核心内容应是确定谁享有权利、谁负有义务、谁承担责任。

合理界定责任主体对于土壤环境保护乃至整个环境保护是十分必要的。土壤污染防治法的主要任务：一是预防污染的产生；二是对污染的土壤进行治理修复；三是对造成的损失进行赔偿。明确界定责任主体，充分贯彻污染者负担原则，才能使有关责任方有充分的注意义务，采取必要预防措施，防止新的污染产生；才能明确修复和赔偿的责任主体，而不是"企业污染、政府买单、百姓受害"。

形成环境保护良性法律秩序的关键是将污染者担责原则落到实处，对土壤污染治理和修复的责任主体和责任承担机制的明确界定应该是本法的核心

---

* 本报告是自然之友接受环境保护部的委托进行的"环境权益维护项目"（环境保护法律法规的调查和建议）的成果。

规制内容之一。只有在法律里明确界定了责任主体和责任承担机制，才能有效地规范法律主体的行为。为此，建议《土壤污染防治法》草案删除"污染责任人"①等的笼统规定，新增第八条，依据"污染者担责"原则，同时考虑最大限度维护公共利益的需要和责任追究的可行性，明确责任主体。具体可以参考《污染地块土壤环境管理办法》在本法中确定污染责任主体的认定。

造成土壤污染的单位或者个人应该承担污染调查、风险评估、风险管控、治理与修复的责任。造成土壤污染的单位发生变更，由变更后继承其债权、债务的单位承担相关责任。

土地使用权依法转让的，环境调查、风险评估、风险管控、治理与修复的责任主体需明确约定，约定的责任人能力不足以承担相关责任的，由另一方承担补充责任；无明确约定的，由土地使用权受让人和转让人承担连带责任。

土地使用权因被土地储备部门收回等原因终止的，由原土地使用权人对其使用该地块期间所造成的土壤污染承担相关责任。土壤污染治理与修复实行终身责任制。

地方人民政府环境保护主管部门可以基于保护公共利益的需要，对污染土壤进行环境调查、风险评估、风险管控、治理与修复。地方人民政府在进行上述活动前，应该将相应的方案告知相关责任主体，相关责任主体可以在接到告知的一个月内对方案提出建议，地方人民政府应该对建议采纳情况书面回复。地方人民政府采取上述代为治理行为过程中或之后，可以向相关责任主体索赔。

（2）土壤污染造成公益受损情况下的司法救济制度的设计。

合理的土壤污染司法救济制度对于土壤污染的治理是十分必要的。

---

① 《土壤污染防治法》一审草案将土壤污染治理和修复的责任主体界定为"污染责任人"，并明确由县级环保部门或其他有关部门确定，确认"污染责任人"的程序由国家环保部门制定，这貌似为环保部门增设了权利，但由于土壤污染成因复杂，又牵涉其他许多部门，如果不在法律中明确界定土壤污染治理和修复的责任主体，在执法过程中很可能成为环保部门的一个难题，协调工作量巨大。

土壤污染侵权不仅仅侵犯了受害人的人身权利和财产权利，而且对于整个环境也有不利的影响，因此土壤污染侵权是典型的侵犯公共利益的行为。在土壤污染侵权案件中，应把为了"公益"而起诉的人作为适格的原告，采用公益诉讼的方式更好地保护受害者的权益。

现有的草案规定了"因土壤污染对环境造成重大损害的，环境保护主管部门可以代表国家提出损害赔偿诉讼"，但是这个制度不能完全涵盖现有的环境公益诉讼制度。

《环境保护法》规定了对已经损害社会公共利益或者具有损害社会公共利益重大风险的土壤污染行为，社会组织可以依法提起环境公益诉讼。

2017年6月，《民事诉讼法》和《行政诉讼法》修订，规定了检察机关为维护公共利益提起公益诉讼的职权。

建议将社会组织环境公益诉讼制度以及检察机关环境公益诉讼制度在《土壤污染防治法》中进行明确。

《海洋环境保护法》中第九十条规定了海洋环境行政主管部门有权代表国家对破坏海洋生态、海洋水产资源、海洋保护区的责任者提出海洋环境损害赔偿，公益诉讼实践中，广东、辽宁等法院以此为理由不受理环保组织提起的海洋环境公益诉讼案件。如大连环保志愿者协会在2015年起诉中石油漏油污染的案件因原告不适格被裁定不予受理；重庆两江在2017年起诉的关于广东红树林破坏的公益诉讼案件也因原告不适格被驳回起诉。因此，有必要在《土壤污染防治法》中明确社会组织环境公益诉讼制度。

（3）土壤污染源头预防的任务主要由《大气污染防治法》《水污染防治法》《固体废物污染环境防治法》等各单行法负责规制，《土壤污染防治法》应重点规制污染场地的治理和修复、明确法律责任、规定其他法律没有规定的内容，其他相关法律规定了的，本法做衔接性规定即可，没必要重复。

（4）第三方责任规制。

《国务院办公厅关于推行环境污染第三方治理的意见》（国办发〔2014〕69号）要求，"明确相关方责任。排污企业承担污染治理的主体责任，第三方治理企业按照有关法律法规和标准以及排污企业的委托要求，承担约定的污染治理责任"。

第三方治理企业应该承担污染治理过程中造成二次污染的责任。

（5）信息公开和公众参与。

目前的草案中土壤污染信息公开和社会参与机制的规制相对较弱，建议加强这部分内容，将"信息公开和公众参与"设专章予以规定。

（6）草案第二十七条"禁止生产、使用国家明令禁止、淘汰或者未经许可的农业投入品"。实际上我国明令禁止是不明确的，建议把"明令"两个字去掉，改成"禁止生产、使用国家禁止、淘汰或者未经许可的农业投入品"。

（7）倡导绿色金融。

金融部门把环境保护作为一项基本政策，在投融资决策中要考虑潜在的环境影响，把与环境条件相关的潜在的回报、风险和成本都要融合进银行的日常业务中，在金融经营活动中注重对生态环境的保护以及环境污染的治理，通过对社会经济资源的引导，促进社会的可持续发展。

（8）划定土壤污染高风险区和土壤污染防治重点区域。

县级以上地方人民政府环境保护主管部门应将土壤污染重点监管行业聚集区划定为土壤污染高风险区，并在此区域加密土壤污染监测网络、增加土壤污染状况监测频次。

# G.24
# 垃圾议题大事记
# （2016年1月至2017年12月）

● 2016年1月1日，《生活垃圾焚烧污染控制标准（GB 18485－2014）》全面实施，全国所有已运行的垃圾焚烧厂必须执行新标准。

● 2016年3月，全国"两会"批准的《中华人民共和国国民经济和社会发展第十三个五年规划纲要》，要求对生活垃圾焚烧飞灰开展重点专项整治。"两会"期间，环保组织与全国政协委员合作，提交了《关于应当充分认识〈"十二五"全国城镇生活垃圾无害化处理设施建设规划〉落实不理想的情况，制定以"减量化、无害化、资源化、低成本化"为目标的"十三五"垃圾管理规划的建议》提案。

● 2016年4月16日，自然之友参与"2016北京春季城市越野赛"的组织，使之成为国内首场"零废弃赛事"。

● 2016年6月，北京昌平区兴寿镇辛庄村"垃圾不落地"试点工程正式启动，之后在短短几个月内，就实现了垃圾分类有效率95%，减量率75%左右的成果。

● 2016年6月8日，世界海洋日，多家环保组织合作开展了"三地同心护海洋"的联合净滩行动。

● 2016年6月15日，国家发改委与住建部根据《中共中央 国务院关于加快推进生态文明建设的意见》和《生态文明体制改革总体方案》的要求，组织起草了《垃圾强制分类制度方案（征求意见稿）》，并于6月20日向公众征求意见。

● 2016年6月21日，环保部、国家发改委、公安部共同发布新修订的《国家危险废物名录》（2016版），将垃圾焚烧飞灰进入生活垃圾填埋场处置纳入过程性豁免之列。

● 2016 年 6 月 21 日，中外三家民间环保组织共同发布的《中国热点地区鸡蛋中的持久性有机污染物》报告显示，在国内 6 个典型工业污染源附近的散养鸡蛋中，检出了超过欧盟标准限值的二噁英等持久性有机污染物，超标最严重的采样点有武汉两家互相紧邻的垃圾焚烧厂。

● 2016 年 6～7 月，因珠江流域发生暴雨和洪灾，广东和香港两地发生了珠江入海口和海岸带区域垃圾异常增多的情况，两地政府和民间通过采取多种措施和合作较好地应对了这起环境污染事件。

● 2016 年 7 月 6 日，芜湖生态中心与自然之友共同发布《231 座生活垃圾焚烧厂污染物信息公开报告》，并邀请政府、专家、媒体、公众、NGO 各方就"新标准下的垃圾焚烧信息公开与监管"进行深入探讨。

● 2016 年 7 月 28 日，海关总署召开"打击走私'国门利剑 2016'联合专项行动媒体吹风会"，向社会报告：2016 年上半年，该项行动查获废物走私案件 27 起，查证禁止进口废物 8.7 万吨。

● 2016 年 9 月，民间组织零废弃联盟发起了"摆脱塑缚"行动，一经发起就得到两岸三地 44 家环保组织联署支持。

● 2016 年 9 月 17 日，国际海滩清洁日，内地及港澳地区共 18 个城市，102 家社团共同行动，组织 5000 多名志愿者在累计长度 30 公里的中国海岸线上清理垃圾共 40.9 吨。

● 2016 年 9 月 22 日，国家发展改革委、住房和城乡建设部两部门联合发布了关于征求《"十三五"全国城镇生活垃圾无害化处理设施建设规划（征求意见稿）》意见的函，提出了"到 2020 年底，全国城镇生活垃圾焚烧处理设施能力占无害化处理总能力的 50% 以上，其中东部地区达到 60% 以上等目标"。

● 2016 年 10～11 月，宜居广州参与 2016 年"阅动羊城"大型公益活动，为徒步筹款活动提供了零废弃设计和服务。

● 2016 年 11 月 12 日，网络电商阿里巴巴公布当年"双十一"一天内的交易额达到 1207 亿元人民币，物流方面也再次刷新全球纪录，菜鸟网络

共产生 6.57 亿个物流订单。

● 2016 年 11 月 24 日，王久良耗时三年拍摄的《塑料王国》在阿姆斯特丹纪录片电影节上获奖，引发国内舆论对我国塑料垃圾、洋垃圾问题的关注。

● 2016 年 12 月，浙江海宁发生"长江口倾倒垃圾案"，震惊全国。

● 2016 年 12 月 5 日，《"十三五"生态环境保护规划》发布，其中提及"大中型城市重点发展生活垃圾焚烧发电技术，鼓励区域共建共享焚烧处理设施……到 2020 年，垃圾焚烧处理率达到 40%"，焚烧比例较 9 月 22 日的意见稿降低 10%。

● 2016 年 12 月 21 日，国家主席习近平主持召开中央财经领导小组第十四次会议并指出，普遍推行垃圾分类制度，关系 13 亿多人生活环境改善，关系垃圾能不能减量化、资源化、无害化处理。要加快建立分类投放、分类收集、分类运输、分类处理的垃圾处理系统，形成以法治为基础、政府推动、全民参与、城乡统筹、因地制宜的垃圾分类制度，努力提高垃圾分类制度覆盖范围。

● 2016 年 12 月 22 日，《住房和城乡建设部关于推广金华市农村生活垃圾分类和资源化利用经验的通知》发布，推广浙江省金华市农村生活垃圾分类和资源化利用经验。

● 2016 年 12 月 25 日，国务院办公厅印发了《生产者责任延伸制度推行方案》，将饮料纸基复合包装、电子产品、汽车产品、铅酸蓄电池纳入生产者应履行延伸责任的 4 类重点产品中。

● 2017 年 1 月 5 日，自然之友与零废弃联盟共同举办"'十三五'垃圾管理沙龙"，探讨我国垃圾分类形势的转变与推进的关键点，同时发布了《"十三五"全国城乡生活垃圾管理发展规划》（民间建议稿）。

● 2017 年 1 月 22 日，国家发改委网站对外发布了关于印发《"十三五"全国城镇生活垃圾无害化处理设施建设规划》的通知（发改环资〔2016〕2851 号），实际上该通知早在 2016 年 12 月 31 日就已经在政府系统内部下发。

• 2017 年 3 月 15 日，广东大亚湾一头抹香鲸搁浅死亡，鲸鱼身上被渔网缠绕，多处受伤，口中还有许多垃圾。

• 2017 年 3 月 18 日，国务院办公厅发布关于转发国家发改委、住建部《生活垃圾分类制度实施方案》通知，对我国垃圾分类提出明确目标：到 2020 年底，基本建立垃圾分类相关法律法规和标准体系，形成可复制、可推广的生活垃圾分类模式，先期在 46 个城市先行实施生活垃圾强制分类，在实施生活垃圾强制分类的城市，生活垃圾回收利用率达到 35% 以上。在此背景之下，各地陆续出台一系列措施推进垃圾的减量分类。

• 2017 年 3 月 22 日，中国人民大学环境学院宋国君教授团队发布《北京市生活垃圾焚烧社会成本评估报告》，对北京市垃圾焚烧二噁英可能致癌人数做出量化分析。

• 2017 年 4 月 18 日，中央全面深化改革领导小组第三十四次会议审议通过了《关于禁止洋垃圾入境推进固体废物进口管理制度改革实施方案》，要求以维护国家生态环境安全和人民群众身体健康为核心，完善固体废物进口管理制度，分行业分种类制定禁止固体废物进口的时间表，分批分类调整进口管理目录，综合运用法律、经济、行政手段，大幅减少进口种类和数量，加强固体废物回收利用管理，发展循环经济。

• 2017 年 5 月 11 日，全国政协主席俞正声在全国政协礼堂主持召开以"加强垃圾无害化处理"为主题的双周协商座谈会。十几位全国政协委员、相关领域专家学者和部委同志齐聚一堂，就如何推进垃圾减量化、资源化和无害化处理，提升垃圾分类水平建言献策。会上，全国政协委员，四川省副省长杨兴平很关注目前垃圾焚烧补贴政策的有效性，提出国家应重新核定电价的补贴标准和方法，逐步减少或取消对混合垃圾焚烧发电项目的电价补贴。

• 2017 年 6 月，环保社会组织上海仁渡海洋发布《中国海滩垃圾监测研究报告 2016》，这是该组织继 2016 年以来第 2 次发布相关报告。

• 2017 年 6 月 5 日，世界环境日，爱芬环保、零废弃联盟、上海仁渡、自然之友等多个环保社会组织发起"捡拾中国"联合行动，邀请广大公众

一起维护中华大好河山。

● 2017 年 7 月 18 日，国务院办公厅印发《禁止洋垃圾入境推进固体废物进口管理制度改革实施方案》，7 月 20 日，在环保部新闻发布会上，环保部国际合作司司长郭敬确认，中国将禁止废弃塑料、未经分解的废纸等 24 种"洋垃圾"进口。与此同时，中国政府向世界贸易组织发出通知，要求紧急调整进口固体废物清单，并拟于 2017 年年底前，禁止进口包括生活源废塑料、钒渣、未分类的废纸及废纺织品在内的 4 类 24 种固体废物。

● 2017 年 7 月 24 日，国务院法制办公示了《快递暂行条例》（征求意见稿），公开向社会征求意见。环保社会组织及志愿者建议应该在政府主导下，按照垃圾管理的 3R 原则，建立快递包装管理体系；同时，决策者更加谨慎地对待可降解塑料包装的问题。

● 2017 年 7 月 28 日，住房和城乡建设部城市建设司召集 12 个重点城市齐聚宁波，召开垃圾分类工作座谈会。此前，哈尔滨、长春、沈阳、济南、杭州、成都、西安、大连、青岛、宁波、厦门、深圳、银川等重点城市共同签署《垃圾分类城市联盟宣言》，垃圾分类城市联盟正式成立。

● 2017 年 8 月 2 日，环保部联合国家发改委、工信部、公安部、商务部、工商总局发布了《关于联合开展电子废物、废轮胎、废塑料、废旧衣服、废家电拆解等再生利用行业清理整顿的通知》，决定在全国范围内开展电子废物、废轮胎、废塑料、废旧衣服、废家电拆解等再生利用行业清理整顿。

● 2017 年 8 月 4 日，环保部公示了《生活垃圾焚烧污染控制标准》修改建议。8 月 20 日征求意见期截止前，环保社会组织向环保部递交了修改建议，包括二噁英在一个整月的时间段连续采样或周期性采样时公示采样工况、飞灰定期进行出厂监测、烟气污染物排放监测项目和限值全面向欧盟标准看齐、"强制回收"类别的垃圾禁止进入焚烧厂等。

● 2017 年 8 月 18 日，住建部标准定额司发出关于征求行业标准《生活垃圾焚烧飞灰固化稳定化处理技术标准（征求意见稿）》意见的函。零废弃联盟、芜湖生态中心、深圳零废弃、北京中丹科技有限公司、北京中洁蓝环保科技有限公司随后提出了关于此次征求意见稿的联合建议。

•2017 年 9 月，网络开始流传一篇题为《外卖，正在毁灭我们的下一代》的文章，由此引发了社会讨论，将电商、快递、外卖行业的垃圾问题进一步地带到了公众面前，也促发了相关行业和政府管理部门积极采取措施予以应对。

•2017 年 11 月 9 日，厦门市湖里辖区内湖里城管执法局金山中队开出了《厦门经济特区生活垃圾分类管理办法》生效以来首张《责令改正通知书》。受罚单位为一家烧烤店，它不按规定投放垃圾，把烧烤签、啤酒瓶丢弃在"厨余垃圾"箱里。

•2017 年 12 月 7 日，零废弃联盟在福州举办了"众心细分类，资源再循环绿色发展论坛暨第五届全国零废弃论坛"，共吸引来自全国各地垃圾分类实践者 300 余人。

•2017 年 12 月 21 日，"一年只产生一瓶垃圾"国际零废弃达人 Bea Johnson 访问中国，并在北京三里屯做公众演讲。

# G.25
# 改革开放以来我国生活垃圾管理大事记

- 1979年，全国城市生活垃圾年清运总量达2500万吨。

- 1982年，全国城市生活垃圾年清运总量达3100万吨，较1979年年均增速高7.4%。广州市选择海珠区南华西街为试点，开始运行垃圾分类收运试验。

- 1983年，航拍图像显示，北京已遭遇第一次"垃圾围城"。

- 1984年，北京市生活垃圾中有机易腐成分由1976年的三成左右，增加到超过四成，已经与无机灰渣差不多。城乡建设环境保护部提出"我国城市垃圾治理在近期以卫生填埋和高温堆肥为主，提倡分类收集，医院等特殊垃圾集中收集，焚烧处理"的技术政策。

- 1985年，李鹏副总理在国务院环境保护委员会第四次会议发表讲话，指出城市垃圾和粪便不能回到农村和农业的原因，探讨新出路。高温堆肥成为"七五"（1985~1990年）国家重点攻关的垃圾处理技术。

- 1986年，国家环境保护委员会提出："我国城市垃圾治理遵循减量化、资源化和无害化"（即垃圾管理的"三化原则"）的治理方针。

- 1988年，全国城市"无害化"处理率不超过5%。深圳建成运行我国第一座生活垃圾焚烧厂。

- 1992年，国务院批转了《关于解决我国城市生活垃圾问题几点意见的通知》，提出加快垃圾处理、处置设施建设和改善城市环境质量的若干意见。同年，国务院发布《城市市容和环境卫生管理条例》，对生活垃圾的收集、运输和处理工作的职责归属和监督做了详细规定。

- 1993年，全国城市生活垃圾年清运总量达6900万吨。8月10日，建设部发布了《城市生活垃圾管理办法》，进一步细化了对垃圾管理过程的要求和规定，并明确提出了垃圾分类收集的要求。

• 1994 年，全国城市生活垃圾年清运总量达 9981 万吨，"无害化"处理率达 35.8%。北京市提出了要在"九五"（1995～2000 年）期间全市垃圾分类收集率达到 50%，2010 年达到 70% 的目标。建设部、农业部、国内贸易部联合下发了《关于开展净菜进城，加强废旧物资回收，减少城市生活垃圾的通知》。

• 1996 年 4 月 1 日，《中华人民共和国固体废物污染环境防治法》实施，完善了城市生活垃圾管理的相关政策。这一系列法规政策的制定和实施，基本奠定了我国垃圾管理工作的法制基础。全国城市生活垃圾和粪便无害化处理设施由 1990 年的 66 座，增加到 874 座。北京市西城区大乘巷居委会成为北京市自发开展垃圾分类，及全市第一个试行分类收集的单位，民间环保组织北京地球村也开始参与其中。上海市环卫局在曹杨五村开始试点进行生活垃圾分类收集。

• 1997 年，上海市垃圾分类收集试点达到 17 个。试点结果表明，居民按要求投放垃圾的有效率为 80%。

• 1998 年，北京市共有分类收集点或曾经做过该项工作的单位一百多个，大部分是在政府各级环卫管理部门及科研单位的指导下实施的。

• 1999 年，宣武区成为北京垃圾分类收集的试点区。

• 2000 年 5 月 29 日，《城市生活垃圾处理及污染防治技术政策》发布，将 21 世纪初我国垃圾处理的技术路线做了一个比较系统的交代。住建部公布了全国首批 8 个垃圾分类试点城市，包括北京、上海、南京、杭州、桂林、广州、深圳、厦门，全国性的垃圾分类推广工作正式开始。广西南宁横县自主启动县城垃圾分类，后被称作"横县模式"。

• 2001 年 1 月 1 日开始，一次性发泡餐具开始被禁止生产和使用。7 月 13 日，北京申办奥运成功，垃圾分类成为"绿色奥运"的内容之一，并承诺到 2008 年北京要实现分类收集率达到 50%，垃圾资源综合利用率达到 30%。

• 2003 年，我国 660 个城市的生活垃圾年清运量增加到 1.5 亿吨，

"无害化"处理率上升到51%。10月,《城市生活垃圾分类标志》发布。

• 2004年9月,中国工程物理研究院的科研人员在《环境卫生工程》杂志发文揭示我国当时运行的一座每日处理100吨生活垃圾的焚烧厂,污染物排放对周边人群已构成不可接受的致癌和非致癌风险,应予以重视。12月1日,《城市生活垃圾分类及其评价标准》发布。

• 2005年,我国生活垃圾焚烧厂由20世纪90年代中期仅仅2座,增长到42座,但年处理总量还很小,仅为930.75万吨,占全国清运处理总量不到6%。5月,世行发布《中国固体废弃物管理:问题和建议》。7月,国务院发布《关于加快发展循环经济的若干意见》。

• 2006年初,北京六里屯发生公众反对垃圾焚烧厂项目的事件。

• 2007年5月1日,商务部、建设部和其他几个相关部门联合出台的《再生资源回收管理办法》开始实施。7月1日,建设部制定的新版《城市生活垃圾管理办法》开始实施。国家发改委、建设部、国家环保总局联合发布《全国城市生活垃圾无害化处理设施建设"十一五"规划》,确定2010年以前我国城市生活垃圾无害化处理能力的建设目标,包括全国无害化处理率要达到60%,东部地区设市城市的焚烧处理率不低于35%。9月27日,《电子废物污染环境防治管理办法》发布。北京、广州、武汉、南京等地相继爆发了多起反对垃圾焚烧厂建设的事件,引发了社会各界的广泛关注。

• 2008年2月1日,《电子废物污染环境防治管理办法》开始实施。6月1日,《国务院办公厅关于限制生产销售使用塑料购物袋的通知》(俗称"限塑令")正式实施。7月24日,北京市政府在焚烧项目争议之下,发布了生活垃圾焚烧污染控制的北京市地方标准。

• 2009年1月1日,《中华人民共和国循环经济促进法》正式实施。北京阿苏卫、广州番禺发生公众反对垃圾焚烧项目的事件。

• 2010年,全国城市生活垃圾年清运总量达1.58亿吨。10月19日,《关于加强二噁英污染防治的指导意见》发布。

• 2011年5月,秦皇岛市西部垃圾焚烧厂项目因村民举报,其环境影响评价报告被河北省环保厅依法撤销，项目停工。12 月，自然之友发布《中国生活垃圾管理：问题与建议》。同月，上海市在全国率先提出在"十二五"期间，人均生活垃圾处理量力争每年减少 5% 的目标。12 月 10 日，民间垃圾管理议题的交流合作平台零废弃联盟在北京成立。一些垃圾分类的民间模式相继涌现，如成都绿色地球开始实验的"互联网 + 分类回收"模式，上海爱芬开始培育的"杨波模式"。

● 2012 年 4 月 19 日，《"十二五"全国城镇生活垃圾无害化处理设施建设规划》发布，除设定处理设施建设目标外，还加入了不少对垃圾分类和餐厨垃圾分类收集及处理方面的规划要求。5 月 21 日，《废弃电器电子产品处理基金征收使用管理办法》发布。

● 2013 年 4 月，环保组织芜湖生态中心首度发布焚烧厂污染物排放信息公开报告。5 月 1 日，塑料发泡餐盒被解禁，民间和环保专家提出了不同意见。自然之友和台湾绿色公民行动联盟共同发布《台湾垃圾全记录报告》。

● 2014 年 5 月，垃圾分类的浙江金华开始在农村试行垃圾分类，后来被称为"金华模式"。5 月 16 日，新的生活垃圾焚烧污染控制的国家标准发布，取代 2001 年的旧标准，其中受人瞩目的二噁英的排放浓度限值比原来严格了 10 倍。

● 2015 年 9 月，中共中央、国务院印发《生态文明体制改革总体方案》，要求"加快建立垃圾强制分类制度"。全国设市城市和县城生活垃圾"无害化"处理率达到 90.2%。

● 2016 年，全国城市生活垃圾年清运总量达 2.15 亿吨。《"十三五"全国城镇生活垃圾无害化处理设施建设规划》发布，要求至 2020 年，全国生活垃圾回收利用率要达到 35%，设市城市生活垃圾焚烧处理能力占无害化处理总能力的 50% 以上。

# G.26
# 2016～2017年环保大事记

- 2016年1月，中央环保督察试点在河北展开。

- 2016年4月17日，央视《新闻直播间》栏目播出"不该建的学校"，披露了常州外国语学校新址建在重污染地块附近，自从2015年9月常州外国语学校搬到新校址后，很多学生因为环境污染，出现了各种不适症状。央视报道揭开了"常州毒地"事件的序幕。

- 2016年5月16日，自然之友、中国绿发会起诉江苏常隆化工有限公司、常州市常宇化工有限公司、江苏华达化工集团有限公司一案被正式立案。

- 2016年5月25日，商务部流通业发展司发布的《中国再生资源回收行业发展报告2016》指出：2016年我国再生资源回收总量小幅下降，部分再生资源价格维持震荡调整趋势。如今，废品回收行业正经历着市场的寒冬。受国内外经济形势影响，国内再生资源市场震荡不强，呈疲软状态，主要品种再生资源价格持续下跌，再生资源回收利用企业利润持续走低。

- 2016年5月31日，《土壤污染防治行动计划》出台，简称"土十条"。根据"土十条"，我国到2020年土壤污染加重趋势将得到初步遏制，土壤环境质量总体保持稳定；到2030年土壤环境风险得到全面管控；到2050年，土壤环境质量全面改善，生态系统实现良性循环。

- 2016年，16个2015年确定的海绵城市试点有10个出现内涝。住建部调研显示，项目完工率较高，但存在着小、散、碎片化现象。百亿元投资之后，海绵城市项目面临难以维护的窘境。

- 2016年7月，第一批中央环境保护督察全面启动，对内蒙古、黑龙江、江苏、江西、河南、广西、云南、宁夏等8省区开展环保督察工作。截至 11 月 23 日，8 省区环保督察情况反馈全部公布，共问责 3422 人，约谈 2176 人，罚款 1.98 亿元。

●2016 年 7 月 15 日，环保部印发《"十三五"环境影响评价改革实施方案》。该方案要求，明确战略环评、规划环评、项目环评的定位、功能、相互关系和工作机制，针对规划环评落地难、项目环评"虚胖"、违法建设现象多发等问题，在重点领域取得实质性突破，加快形成科学合理、规范刚性的体制机制。

●2016 年 8 月 16 日，国家邮政局出台《推进快递业绿色包装工作实施方案》，明确提出对快递业包装的环保要求，实现快递业包装绿色化、减量化、可循环化三大目标。

●2016 年 8 月 29 日，《中华人民共和国环境保护税法（草案）》提请全国人大常委会首次审议，提出在我国开征环境保护税，取代现行的排污费制度。

●2016 年 9 月 3 日，全国人大常委会批准中国加入《巴黎气候变化协定》（下称《巴黎协定》）。

●2016 年 9 月 4 日，世界自然保护联盟（IUCN）在夏威夷宣布，大熊猫的受威胁程度从"濒危"变成"易危"。这次谈到的大熊猫评级，指的是 IUCN 在《受威胁物种红色名录》中评估的大熊猫的受威胁程度。

●2016 年 9 月 26 日，中共中央办公厅、国务院办公厅印发《关于省以下环保机构监测监察执法垂直管理制度改革试点工作的指导意见》，省级环保部门对全省（自治区、直辖市）环境保护工作实施统一监督管理，在全省（自治区、直辖市）范围内统一规划建设环境监测网络。试点省份将市县两级环保部门的环境监察职能上收，由省级环保部门统一行使，通过向市或跨市县区域派驻等形式实施环境监察。

●2016 年 9 月 29 日，国家发改委、环保部联合印发《关于培育环境治理和生态保护市场主体的意见》，提出到 2020 年，中国环保产业产值超过 2.8 万亿元，年均增长保持在 15% 以上；培育形成 50 家以上产值过百亿元的环保企业，打造一批国际化的环保公司。

● 2016 年 11 月，第二批中央环保督察展开。

● 2016 年 11 月 4 日，《巴黎协定》正式生效。

● 2016 年 12 月，中共中央办公厅、国务院办公厅印发《关于全面推行河长制的意见》，明确到 2018 年底我国将全面建立"河长制"。全国将建立省、市、县、乡四级河长体系，各省区市设立总河长，由党委或政府主要负责同志担任，各省区市行政区内主要河湖设立河长，由省级负责同志担任；各河湖所在市、县、乡均分级分段设立河长，由同级负责人担任。县级及以上河长设置相应的河长制办公室，具体组成由各地根据实际确定。

● 2016 年 12 月 5 日，国务院印发《"十三五"生态环境保护规划》，大气、水、土污染治理成为焦点。

● 2016 年 12 月 7 日，国务院常务会议通过了《中华人民共和国水污染防治法修正案（草案)》，这是 1984 年该法制定以来的第三次修订。

● 2016 年 12 月 16～21 日，华北多地遭严重雾霾影响，北京最早启动了"空气重污染红色预警"。在北京之后，华北、黄淮地区共有 40 个城市发布重污染天气预警、23 个城市启动红色预警、17 个城市发布橙色预警。

● 2016 年 12 月 25 日，《中华人民共和国环境保护税法》经十二届全国人大常委会第二十五次会议表决通过，将于 2018 年 1 月 1 日起正式施行。

● 2017 年 1 月 1 日，《最高人民法院、最高人民检察院关于办理环境污染刑事案件适用法律若干问题的解释》正式施行，彰显了国家运用刑责治污、重拳惩治环境污染犯罪的决心。

● 2017 年 1 月 25 日上午，"常州毒地"公益诉讼案宣判，江苏省常州市中级人民法院一审判决，两个环保公益组织"自然之友""中国绿发会"败诉，并承担 189.18 万元的案件受理费。

● 2017 年 4 月 5 日，环保部决定从全国抽调 5600 名环境执法人员，开展为期一年的大气污染防治强化督查。督查时间从 2017 年 4 月 7 日持续到 2018 年 3 月 31 日，督查对象为京津冀大气污染传输通道确定的"2+26"城市。这是环境保护有史以来，国家层面直接组织的最大规模行动。

● 2017 年 4 月 18 日，重庆两江志愿服务发展中心公开发布文章，称河北、天津等地发现多处污水渗坑，对当地环境造成威胁。

• 2017 年 4 月 19 日，环保部与河北省政府、天津市政府联合开展现场调查，结果显示，渗坑污染问题基本属实。

• 2017 年 4 月 24 日，经党中央、国务院批准，第三批中央环境保护督察工作全面启动，组建 7 个中央环境保护督察组，分别负责对天津、山西、辽宁、安徽、福建、湖南、贵州等 7 个省（市）开展环境保护督察工作。

• 2017 年 4 月 28 日，河北 6 个环境监察专员办公室、11 个驻市环境监测中心在各驻地正式挂牌成立。同时，河北省环境监测中心、河北省环境综合执法局在省会石家庄挂牌。这标志着河北省环保垂直管理改革省级层面改革基本完成。

• 2017 年 6 月 22 日，《土壤污染防治法（草案）》首次提请全国人大常委会审议，这是我国首部土壤污染防治的专门法律。

• 2017 年 6 月 27 日，十二届全国人大常委会第二十八次会议表决通过了关于修改水污染防治法的决定，修改后的法律将于 2018 年 1 月 1 日起施行。

• 2017 年 7 月 20 日，中共中央办公厅、国务院办公厅就甘肃祁连山国家级自然保护区生态环境问题发出通报。通报显示，祁连山国家级自然保护区生态环境破坏问题突出，违法违规开发矿产资源问题严重，部分水电设施违法建设、违规运行，周边企业偷排偷放问题突出，生态环境突出问题整改不力。经党中央批准，决定对相关责任单位和责任人进行严肃问责。

• 2017 年 8 月 7 日，经党中央、国务院批准，第四批中央环境保护督察将全面启动，组建 8 个中央环境保护督察组，分别负责对吉林、浙江、山东、海南、四川、西藏、青海、新疆（含兵团）开展督察进驻工作，实现了对全国各省（区、市）督察全覆盖。

• 2017 年 8 月 16 日，环境保护部、公安部、最高人民检察院联合对 3 起广东省危险废物非法转移倾倒至广西壮族自治区案件进行挂牌督办。

• 2017 年 8 月 28 日，环保组织中国绿发会就腾格里沙漠污染事件起诉当地 8 家企业的环境公益诉讼案调解结案，8 家企业在已经投入 5.69 亿元

修复和预防土壤污染的基础上，再承担环境损失公益金 600 万元。

- 2017 年 8 月 31 日，环保部发布《京津冀及周边地区 2017～2018 年秋冬季大气污染综合治理攻坚行动方案》及 6 个配套方案，提出 2017 年 10 月至 2018 年 3 月，京津冀大气污染传输通道城市 PM 2.5 平均浓度同比下降 15% 以上，重污染天数同比下降 15% 以上。

- 2017 年 12 月 4 日，最高人民法院发布《关于全面加强长江流域生态文明建设与绿色发展司法保障的意见》，并首次公布长江流域环境资源审判十大典型案例。

- 2017 年 12 月 30 日，国务院公布《中华人民共和国环境保护税法实施条例》，自 2018 年 1 月 1 日起与环境保护税法同步施行。

# Contents

## I General Report

**Abstract**: the year 2016 or even the whole 13$^{th}$ Five-Year Plan period
represents not just a critical node of China's environmental protection and the
change of its environmental situation, but also a crucial period of time in which its
environmental quality is approaching a turning point while its good environmental
governance system is taking shape. China's green transformation has received
enough political will, a specific road map as well as concrete strategic objectives and
measures; a multi-path, multi-participant pattern of governance has been
emerging. Under China's overall program of developing an ecological civilization,
domestic efforts in the area of environmental protection have been characterized by
comprehensive development of ecological civilization and a focus on key projects
since the 18$^{th}$ National Congress of the Communist Party of China (CPC).

**Keywords**: Green Governance; Multi-path, Multi-participant Pattern of
Governance; Soil Contamination Prevention and Control

环境绿皮书

# II   Keynote Report

G. 2   2016 −2017: Garbage Management in China

Enters a New Stage                                      *Mao Da* / 022

**Abstract**: from 2016 to early 2017, garbage management in China started entering a new stage. It was in this period of time that garbage management-relevant regulations and policies were released, and that classification of wastes, in particular, became a national policy for environmental protection. In the meantime, however, waste pollution was worsening; efforts in treating wastes and turning them into resources were facing an unprecedented crisis. When it comes to responding to the waste crisis, participation by companies, NGOs and the public is as important as government action. Based on a review of the evolution of China's garbage issue and relevant measures, this Report offers an overview of new trends, signs and experience in China's garbage management described in the Green Book of Environment this year.

**Keywords**: Garbage Management; 13th Five-Year Plan; Compulsory Classification of Wastes

# III   Policies

G. 3   Mandatory MSW Separation System: Further Improvements

Are Needed                               *Gao Qingsong, Li Ting* / 041

**Abstract**: The *Scheme of Implementing the MSW Separation System* was officially released in March 2017. Later on, local governments have made and implemented a series of plans and policies in favor of mandatory waste separation. Although certain progress has been made in building the mandatory waste separation system, there remain problems such as lack of a sound legal system, ineffective regulation, unreasonable resources allocation, and citizens having yet to play a desirable role in this area.

**Keywords**: Nandatory MSW Separation; Environmental Protection; Rule of Law

G. 4　Recommendations of NGOs on the *Plan of Building Facilities*
　　　*for Treating MSW into Harmless Substances in the* 13<sup>th</sup>
　　　*Five-Year Plan Period*　　　　　　　　　　*Tian Qian* / 053

**Abstract**: The *Plan of Building Facilities for Treating MSW into Harmless Substances in the* 13<sup>th</sup> *Five-Year Plan Period* was officially released in late 2016. Organizations across Chinese society attempted to participate in making this plan. Of them, environmental NGOs and research teams were very important forces, as they offered many constructive opinions. The civic society's attention to and research on the issue of waste, as well as their active participation in policy making, constitute a highlight in waste management in China, despite that most of the aforementioned opinions were not adopted into the finalized plan. Such participation was not just about offering concrete recommendations on policies regarding waste management, but also explored the possibility of public engagement in making national policies and plans.

**Keywords**: 13<sup>th</sup> Five-Year Plan; NGO Recommended Version Specific to the 13<sup>th</sup> Five-Year Plan Period; Waste Management

G. 5　EU Circular Economy Legislation: Inspiration for
　　　MSW Management in China　　　　　　*Xie Xinyuan* / 061

**Abstract**: At the core of the EU circular economy package is waste management. The EU has realized that waste separation, recycling and reuse are

able to facilitate the recycling of materials in the economy, thus reducing reliance on raw resources and on foreign countries as well as foreign exchange consumption, and that effective and efficient resources reuse also will make its green industry more competitive globally. The EU circular economy legislation has also inspired China greatly: By shifting of the focus of waste management toward separation-based recycling and reuse, China will not just reduce huge environmental and health risks arising from incineration and other means of end-treatment of mixed waste and thus eliminate social risks such as NYMBY movements, but will also increase public trust in the government due to successful waste separation. This will translate the concept of environmental protection into action involving the whole public and be immeasurably meaningful at a time when the Chinese government values the building of Ecological Civilization.

**Keywords**: Circular Economy Package; Waste Anagement Priorities

# IV Improvements

### G. 6 The Status, Challenges, and Opportunities of Municipal Solid Waste Landfill in China *Zhou Chuanbin* / 073

**Abstract**: Landfills are the world's main and primary infrastructure for waste treatment. This paper describes the insufficient capacity of landfills in China, and analyzes landfill capacity-specific measures, such as the ban on raw waste burying, the exploitation of existing waste, and landfill restoration, as well as the resulting problems in combination with China's latest policy and plan regarding waste burying and disposal. It also offers recommendations on sustainable waste landfilling in this country.

**Keywords**: MSW; Landfill; Zero Burying; Landfill Exploitation; Status

G. 7   Information Transparency and Operational Monitoring

of Incineration Plants                    *Zhang Jingning, Ding Jie* / 082

**Abstract**: 2016 saw the ongoing implementation of MSW incineration projects across China. By 2020, about half of urban MSW will be disposed of by incineration, according to the *Plan of Facilities Development for the Sound Disposal of MSW in the 13ᵗʰ Five-Year Plan Period*. Waste incineration has become the primary way of waste disposal. Unfortunately, however, there remain problems with pollutant emission and relevant information disclosure in the operations and regulation of incineration plants: Most of them have yet to release pollutant emissions-relevant information and are operating on a black-box basis; there remain loopholes in the detection of heavy metals and dioxins from pollutants generated by incineration plants; there are numerous problems with the disposal of fly ash as dangerous waste from these plants, with regulatory requirements on fly ash management yet to be clarified.

**Keywords**: MSW Incineration; Information Transparency; Fly Ash Management; Operational Monitoring

G. 8   Risks of Incineration, NIMBY Movements and

Waste Management: Systematic Thinking from

a Social Perspective                       *Tan Shuang* / 090

**Abstract**: There remained Not in My Backyard (NIMBY) movements against waste incineration plants across China in 2016. The primary cause of such movements has much to do with the current technical mode of communicating risks of incineration, with its subsequent effects driving the forming of a multi-participant waste management pattern. From a systematic perspective, therefore, waste pollution, risks of incineration and NIMBY movements constitute a chain of waste crises whose parts link with one another and whose removal requires breaking

 环境绿皮书

individual parts by identifying their relations from a social point of view. First, the risks of incineration should be communicated in a democratic, no longer technical, mode. Second, NIMBY movements should be dealt with by leveraging their positive effects rather than preventing their negative ones. Third and last, waste pollution should be alleviated by means of multi-center governance in place of single-center management. The synergy of efforts in these three areas will ultimately turn technology-oriented waste treatment and power-oriented waste management into society-or iented waste governance.

**Keywords**: Risks of Incineration; NIMBY Movements; Waste Governance; Chain of Waste Crises

G. 9　Marine Waste Management from the Perspective of
　　　 Marine Waste Incident Involving Guangdong and
　　　 Hong Kong　　　　　　　　　　*Cao Yuan, Liu Yonglong* / 101

**Abstract**: Hong Kong was facing marine waste from Guangdong Province in July 2016 due to rainstorms and floods in the Pearl River Basin. Hong Kong-based NGOs played an important role in responding to this incident. China is now facing tough challenges from marine waste. In 2016, Chinese Mainland-based environmental NGOs contributed significantly to marine waste management by conducting a series of joint actions nationwide. Compared with their Hong Kong-based counterparts, however, these NGOs were established at later times and are very limited in terms of power, with insufficient government support. In order for China to address the issue of marine waste, it is necessary to bring NGOs into full play and enhance government cooperation with those which value marine environmental protection.

**Keywords**: Marine Waste Incident Involving Guangdong and Hong Kong; Marine Waste; NGO-governance

# V   Industries

**Abstract**: The amount of packages for express delivery has been increasingly sharply with online shopping over the past few years, causing severe environmental pollution. While profiting from online shopping, therefore, China-based e-commerce platforms are directly responsible for the formation and alleviation of pollution arising from express delivery. Under the pressure of public opinion on express delivery-specific waste, these e-commerce platforms have announced environmental protection solutions such as the Green Parcels and the Green Logistics Program since 2016. But will these programs really be able to solve the aforementioned problem? How should they be improved?

**Keywords**: Packages for Express Delivery; Biodegradable Plastic; E-commerce Platform; Zero Waste; Reusable Package

**Abstract**: The General Office of the State Council released the *Scheme for Rolling Out the Extended Producer Responsibility System* on December 25, 2016, taking the implementation of this system as a requirement for accelerating the building of Ecological Civilization and green/circular/low-carbon development, and emphasizing its significance for promoting the supply-side structural reform and upgrading of China's manufacturing. The idea that producers' resources-and environment-relevant responsibility for their products should be extended from production itself to the full life

cycle including product design, distribution, consumption, recycling/reuse and waste treatment has been widely accepted by China's policymakers, legislators and industries. But how is it possible to effectively implement this system? What exactly should we do, adhering to the initial purpose of the principle of extended producer responsibility (EPR), or accepting the possibility of its being partially followed in reality? We really should review and weigh up the initial purpose of legislation and the actual result of action while this imported legal system is increasingly integrating into China's circular economy-relevant practices.

**Keywords**: Extended Producer Responsibility ( EPR ); Producer Responsibility Organization (PRO)


G. 12  The Challenges and Opportunities for the Resources
　　　Recycling System under the Background of
　　　"Merging of Two Networks"　　　　　　*Chen Liwen* / 135

**Abstract**: Regarding waste separation, the only thing that China can be proud of is a rather high proportion of waste recycled, for which the waste recycling system in civic society is critical. After 2016, however, nearly all the large marketplaces for recycled waste located between the 5th and 6th Ring Roads in Beijing have been relocated, posing unprecedented and growing challenges for the survival of the waste recycling industry in civic society. How can a waste recycling system already in place for over 30 years continue their advantages under the new circumstances? This paper analyzes the status of the waste recycling system in Beijing, for example, especially the difficulties facing it, before explaining how it can continue playing a significant role in waste reduction and resources reuse as part of urban waste management by leveraging the opportunity of the government's move of merging the urban sanitation and waste recycling networks.

**Keywords**: Waste Recycling; Merging of Two Networks; Recycling in Civic Society

# Ⅵ Publics

## G. 13　The Best Cases of Civic Zero Waste Practice

*Sun Jinghua* / 146

**Abstract**: Within the context of growing problems with waste and insignificant effects of local authority-led efforts in waste separation over the past years, there have been many forces in China's civic society which are practicing the concept of "Zero Waste" in various ways, demonstrating its feasibility and remarkable effects through their action. The experience of these environmental NGOs, communities, schools and companies can be replicated and let more people see that we are actually not far from the goal of zero waste.

**Keywords**: Waste Reduction; Waste Separation; Zero Waste

## G. 14　The Progress and Future Trends of Rural Waste Separation

*Tang Yingying* / 162

**Abstract**: 2016 saw substantial progress in rural waste separation at the levels of policy and practice in China. The head of state announced the rolling out of a waste separation system across this country; the Ministry of Housing and Urban-Rural Development (MOHURD) released a document intended to share the city of Jinhua's experience in rural waste separation nationwide; several regional regulations specific to this issue were issued; many local governments explored practices in creative manners. All these have set a historic milestone in promoting rural waste governance and further building a beautiful, livable countryside. In the future, rural waste separation will evolve toward governance from management, and a responsibility system based on co-governance will be created in developing rural society in a new manner integrating environmental protection, industrial

development and governance.

**Keywords**: Waste Separation; Rural Waste Governance; Rural Development

G. 15   From *Plastic China* to Break Free from Plastic
        —*The Year of Starting Action on the Issue of Plastic in*
        *Civic Society*                                    *Yue Caixuan* / 176

**Abstract**: The documentary *Plastic China* caused a sensation across Chinese society in 2016, attracting wide public attention to and thinking about the plastic industry, especially the import of plastic. Illegal export of low-value, used plastic from developed countries into China is a perennial problem; illegal reselling and processing of imported, used plastic remain despite frequent government action against them, causing environmental problems that deserve great attention. The growing global crisis of plastic has triggered the emerging of the Break Free from Plastic as a global movement against plastic pollution. Forces in civic society have started action, which in turn has led to participation by the government in addition to companies and citizens.

**Keywords**: *Plastic China*; Import of Plastic; Crisis of Plastic

# Ⅶ   Appendices

社会科学文献出版社

# 皮 书

### 智库报告的主要形式
### 同一主题智库报告的聚合

## ❖ 皮书定义 ❖

皮书是对中国与世界发展状况和热点问题进行年度监测，以专业的角度、专家的视野和实证研究方法，针对某一领域或区域现状与发展态势展开分析和预测，具备前沿性、原创性、实证性、连续性、时效性等特点的公开出版物，由一系列权威研究报告组成。

## ❖ 皮书作者 ❖

皮书系列报告作者以国内外一流研究机构、知名高校等重点智库的研究人员为主，多为相关领域一流专家学者，他们的观点代表了当下学界对中国与世界的现实和未来最高水平的解读与分析。截至 2020 年，皮书研创机构有近千家，报告作者累计超过 7 万人。

## ❖ 皮书荣誉 ❖

皮书系列已成为社会科学文献出版社的著名图书品牌和中国社会科学院的知名学术品牌。2016 年皮书系列正式列入"十三五"国家重点出版规划项目；2013~2020 年，重点皮书列入中国社会科学院承担的国家哲学社会科学创新工程项目。

**权威报告・一手数据・特色资源**

# 皮书数据库
## ANNUAL REPORT(YEARBOOK)
## DATABASE

## 分析解读当下中国发展变迁的高端智库平台

### 所获荣誉

- 2019年，入围国家新闻出版署数字出版精品遴选推荐计划项目
- 2016年，入选"'十三五'国家重点电子出版物出版规划骨干工程"
- 2015年，荣获"搜索中国正能量 点赞2015""创新中国科技创新奖"
- 2013年，荣获"中国出版政府奖・网络出版物奖"提名奖
- 连续多年荣获中国数字出版博览会"数字出版・优秀品牌"奖

### 成为会员

通过网址www.pishu.com.cn访问皮书数据库网站或下载皮书数据库APP，进行手机号码验证或邮箱验证即可成为皮书数据库会员。

### 会员福利

- 已注册用户购书后可免费获赠100元皮书数据库充值卡。刮开充值卡涂层获取充值密码，登录并进入"会员中心"—"在线充值"—"充值卡充值"，充值成功即可购买和查看数据库内容。
- 会员福利最终解释权归社会科学文献出版社所有。

数据库服务热线：400-008-6695
数据库服务QQ：2475522410
数据库服务邮箱：database@ssap.cn
图书销售热线：010-59367070/7028
图书服务QQ：1265056568
图书服务邮箱：duzhe@ssap.cn

社会科学文献出版社 皮书系列
SOCIAL SCIENCES ACADEMIC PRESS (CHINA)

卡号：582745338244
密码：

# S 基本子库
## SUB DATABASE

## 中国社会发展数据库（下设 12 个子库）

整合国内外中国社会发展研究成果，汇聚独家统计数据、深度分析报告，涉及社会、人口、政治、教育、法律等 12 个领域，为了解中国社会发展动态、跟踪社会核心热点、分析社会发展趋势提供一站式资源搜索和数据服务。

## 中国经济发展数据库（下设 12 个子库）

围绕国内外中国经济发展主题研究报告、学术资讯、基础数据等资料构建，内容涵盖宏观经济、农业经济、工业经济、产业经济等 12 个重点经济领域，为实时掌控经济运行态势、把握经济发展规律、洞察经济形势、进行经济决策提供参考和依据。

## 中国行业发展数据库（下设 17 个子库）

以中国国民经济行业分类为依据，覆盖金融业、旅游、医疗卫生、交通运输、能源矿产等 100 多个行业，跟踪分析国民经济相关行业市场运行状况和政策导向，汇集行业发展前沿资讯，为投资、从业及各种经济决策提供理论基础和实践指导。

## 中国区域发展数据库（下设 6 个子库）

对中国特定区域内的经济、社会、文化等领域现状与发展情况进行深度分析和预测，研究层级至县及县以下行政区，涉及地区、区域经济体、城市、农村等不同维度，为地方经济社会宏观态势研究、发展经验研究、案例分析提供数据服务。

## 中国文化传媒数据库（下设 18 个子库）

汇聚文化传媒领域专家观点、热点资讯，梳理国内外中国文化发展相关学术研究成果、一手统计数据，涵盖文化产业、新闻传播、电影娱乐、文学艺术、群众文化等 18 个重点研究领域。为文化传媒研究提供相关数据、研究报告和综合分析服务。

## 世界经济与国际关系数据库（下设 6 个子库）

立足"皮书系列"世界经济、国际关系相关学术资源，整合世界经济、国际政治、世界文化与科技、全球性问题、国际组织与国际法、区域研究 6 大领域研究成果，为世界经济与国际关系研究提供全方位数据分析，为决策和形势研判提供参考。

# 法律声明